스스로 공부하는 주도적인 아이들의

논술형 엄마들

스스로 공부하는
주도적인 아이들의

논술형 엄마들

서평화 지음

서사원

도움주신 모든 어머님들과

이제는 엄마가 된 80년대생 벗들

그리고 엄마에게

이 책을 바칩니다.

이 책을 구성하고 있는 많은 노하우와 논점들은
4년 동안 100여 명의 어머님들과
상담하고 토론한 내용에서 비롯된 것이다.

"가장 중요한 점은
논술 교육을 통해 길러진 능력은
대학을 간 이후에도
성인이 되어 사회에 나가서도
아이들을 성공으로 이끌 수 있는 자질이 된다는 것이다."

똑똑한 그 아이는 어떻게 키웠을까

이 책의 발단에 대한 이야기이다. 몇 년 전 가을, 한창 필자가 입시 논술 강사로서 입시철을 보내던 때였다. 필자는 석사과정생으로서 대학원에 출석한 후에, 급히 택시를 타고 선생님으로서 학원으로 출근하고 있었다. 저녁 즈음이 되어 고2, 고3 아이들이 학교를 마치고 학원에 올 때가 되었는데, 차가 조금 막혔다. 답답한 와중에 마침 라디오에서 논술 교육에 대한 얘기가 흘러나와 자연스럽게 집중해서 듣게 되었다.

남자 진행자와 여자 진행자가 모두 아줌마 목소리를 연기하며, 입시 논술에 관한 현상을 풍자하는 콩트를 하고 있었다. 정확한 내용은 다를지라도 귀에 들어온 내용은 이런 식의 전개였다.

A학부모(아줌마 목소리를 내는 남자 진행자): “누구네 애는 강남 학

원의 단기 논술 특강에 등록했대요. 또 다른 애는 고액 과외 강사를 섭외했다나? 글쎄 시험 날짜가 다가올수록 부르는 게 값이래. 그런데도 자리가 없어서 상담 받으려면 줄 서야 한대. B엄마도 빨리 같이 가자."

B학부모: "어휴, 논술이라는 게 그렇게 한다고 실력이 늘어나는 건가요. 평소에 책 많이 읽히고, 신문 사설 같은 것 보게 하고, 부모가 같이 토론해주고, 글 쓰는 습관 들이고 해야 되는 거잖아요."

여기까지 듣고, 나는 왠지 속으로 '부모님들이 직접 그렇게 하지 못했으니까 학원에 보내는 거겠죠.'라고 생각했는데, 라디오에서는 똑같이 이런 얘기가 흘러나왔다.

A학부모: "내가 직접 못 했으니까 이러는 거지. 이제 와서 고액 과외라도 시키려는 거지. 애를 지금 대학 보내야 하는데 수단 방법 가릴 거야?"

당장 입시 논술 강사로 있으면서도 좀 씁쓸하게 다가오는 내용이었다. 그런데 머릿속에 '띵' 소리가 울리게 하는 대사는 그 다음에 이어졌다.

A학부모: "어서 가서 C엄마에게 알려줘야겠어. 그 집 애는 아직

어리잖아. 지금부터 미리미리 시작해야 이렇게 고3 돼서 수백 만 원 안 내도 된다고!"

역시 고액 논술 과외에 몰려가는 현상을 우스꽝스러운 목소리로 풍자하듯 얘기하는 톤이었지만, 학원에 출근하고 수업을 하면서도 한참 동안 그 얘기가 머릿속에 남았다.

'사실 맞는 얘기 아닐까? 아직 어린 자녀를 둔 엄마들에게 어서 알려줘야 하는 것은 아닐까?'

마침 '논술형 인간'과 '논술형 엄마'에 대한 고민이 구체화되던 시기였다. 입시 논술 현장에서 수업을 하면서, 마치 '평생을 준비해 온 것처럼' 준비된 상위 5% 정도의 아이들을 볼 수 있었다. 이들은 학교 공부를 떠나서 정말 '똑똑한' 아이들이었다. 논술 학원에 다니는 것도 처음이고 따로 학습지를 해본 것도 아니지만, 이미 부모에게 '논술 교육'을 받고 있었던 아이들. 단지 학교 공부만 해온 아이들이 따라잡을 수 없는 '평생 독서량'을 갖고 있고, 한 편의 글을 그 자리에서 써내는 데에 두려움이 없는 아이들. 가끔 그렇게 모든 학부모들의 이상향 같은 아이들이 정말로 있다. 스스로 찾아서 공부하고, 엄마가 잔소리하지 않아도 되며, 폭넓은 관심사를 갖고 있으면서 자기가 하고 싶은 것도 분명한 아이. 그런 아이의 부모님을 상담을 통해 만날 때면 필자도 너무 궁금해서 묻고 싶었다.

"어떻게 아이를 그렇게 똑똑하게 키우셨어요?"

이런 질문을 실제로 하면, 자기만의 비법이라며 비밀로 하는 어머님은 거의 없었다. 당연하고 친절하게 자신의 관점과 철학을 설명해주셨다. 사실 어머님들은 자기 자녀 얘기를 하길 참 좋아한다. 약간의 자랑이 섞인 얘기라면 더더욱 그렇다. 어머님들의 이야기가 이어지면, 필자는 그 노하우가 궁금하고 호기심이 발동하여 더 묻게 되어, 상담 시간이 예정보다 초과하는 경우가 많았다.

이렇게 책까지 쓸 수 있게 된 것은, 다행히 많은 어머님들의 열린 태도가 있었기 때문이다. 이야기 끝에 "너무 좋은 말씀이라 제가 그 얘기를 더 어린 자녀가 있는 부모님들에게 전하기 위해, 강연이나 집필에 활용해도 될까요?"라고 얘기하면, 안 된다고 하는 분은 거의 없었다. 오히려 "이런 별 것 아닌 얘기가 큰 도움이 될까요?", "사실 당연하고 누구나 다 아는 얘기 아닌가요?"라며 겸손을 포함하여 손사래를 치는 분은 여럿 있었지만, "다른 데에 얘기하시면 안 돼요."라는 경우는 없었다. 필자는 논술 교육에 대해 깊게 고민해온 입장에서 그 크고 작은 일화들 속에, 그 '다름'의 디테일을 확인할 수 있었다. 더 많은 '성공한' 어머님들을 만날수록 몇 가지 공통점이 분명해졌다.

똑똑한 그 아이는 어떻게 키웠을까? 이 책은 그 질문에 대한 교육자적 탐구와 경험, 그리고 수많은 어머님들과의 상담 내용에서 얻은 단서를 엮어낸 결과물이다. 비판적 사고 능력을 가진 논술형 인간이었던 아이들, 그런 아이들은 대학 입시에서 성과를 낼 뿐만 아니라 대학을 간 이후에도 주도적으로 자기 삶을 사는 아이들로 성장했다. 필자는 수년간 그 모습을 직접 보고 관찰하면서, 스스로도 교육에 대한 관점에 많은 변화를 겪었다.

이 책은 자녀가 다 커버린 후에 후회하지 않길 바라는, 조금 먼저 생각하고 행동할 수 있는 현명한 부모님들을 위한 책이다. 대부분의 관찰과 통찰은 '다 큰 아이들'에게서 얻은 것이지만, 이 안의 내용들은 초등학생 혹은 그보다 어린 자녀들을 위한 메시지들이다.

생각하는 힘의 '코어 근육'에 해당하는 문해력과 표현력은 앞으로의 교육에서 점차 더 중요해질 것이다. 대입 전형의 향방과 별개로, 논술 교육은 진로와 직업에서 아이들의 미래를 위해 중요한 교육이라 믿어 의심치 않는다. 그렇다면 '왜 지금 꼭 논술인가'부터 차근히 얘기를 시작해보려 한다.

이 모든 얘기를 시작할 수 있게 도와주신 수많은 어머님들과 학생들에게 '감사하는 마음'을 전한다.

새해 따스한 날에

서평화 드림

| 차례 |

4장 논술형 엄마는 소통 방식이 다르다

5장 논술과 세상, 현실의 이야기

1

논술형 인간의 시대가 온다

왜 지금 꼭 논술인가

독자 분들에게 간단하게 한 가지 묻고 싶다. 여기 두 가지 교육 방식이 있다. 첫째는 '무조건 대학을 보내는 데 집중하는' 방식이다. 둘째는 '20년 후의 미래를 보고 교육하는' 방식이다. 둘 중 하나만 택해야 한다면 여러분은 어떤 교육 방식을 택하겠는가? 만약 단연코 첫 번째만을 원하시는 부모님이라면 이 책을 덮으셔도 좋다. 자녀의 사고력 개발에는 전혀 관심이 없다면 이 책의 이야기들이 공허하고 추상적으로만 들릴 것이기 때문이다. 이상적인 단어만 모아 놓은 선전 문구처럼 보일 수도 있다.

물론 대학에 보내기 위한 공부도 현실적으로 필요하다. 다만 위에서 말한 후자의 교육, '20년 후의 미래를 보는 교육법'에 대해 탐구할 마음이 있어야만 이 책의 내용이 설득력 있게 다가올 것이다. 교육 역시 부모 입장에서는 '선택의 문제'이다. 부모와 자녀 사이에는 시간도 자원도 한정되어 있기 때문이다. 때로는 선택과 집중을 위한 고민이 필요하다.

그렇다면 대학 입학에 도움을 주면서도 20년 후의 미래를 생각하는 교육은 없을까? 그 질문이 이 책이 출발하는 지점이며, 이 책은 그 답에 대해 차근히 설명하고자 한다. 자녀가 인생 전체에 걸쳐 활용해 나갈 능력을 길러주는 방법에 대해서 말이다. 그런데 혹시 제목을 보고 오직 대입 논술에만 관심이 있어서 이 책을 열게 되신 것이라면, 조금 다른 번지수를 찾은 것이다. 최소한 이 책은 당장의 입시 결과를 이끌어내기 위한 논술 교육서는 아니기 때문이다.

필자는 '논술형 인간'이라는 키워드를 통해, 자녀의 삶을 성공으로 이끌어가는 방법에 대해 얘기해보고자 한다. 자녀가 대학에 간 이후에도, 성인이 되어서도 삶을 성공적으로 이끌어갈 수 있는 긍정적인 습관, 그것은 바로, 읽고, 생각하고, 표현하는 방법에 대한 습관이다.

그렇다면 왜 지금 꼭 논술일까? 그에 대한 결론으로 자연스럽게 다가가기 위해, 먼저 맨 앞에 제시한 두 가지 교육 방식의 격차에 대해 언급해야 할 것 같다. 이는 결국 한국 교육의 고질적 문제에 대한 것이다.

공교육은 사회에서 필요한 인재상을 양성하는 교육이다. 개인의 능력을 양성하면서도 사회가 필요로 하는 능력을 길러주고자 한다. 하지만 21세기 대한민국의 현실은 그렇지 못하다. 우선 중고등학교,

대학교, 그리고 사회에서 필요한 지식이 유기적으로 연결되어 있지 않다. 높은 분들이 교육 정책을 만들 때는 이상적인 계획이 있었을 것이다. 하지만 실제 교육 현장, 중고등학교 교실을 들여다보면 능력 개발? 사회에서 필요한 인재상? 같은 것은 먼 얘기처럼 보인다.

필자는 이렇게 된 가장 큰 이유에는 '평가 중심'의 교육 제도가 자리 잡고 있다고 본다. 근대화 이후 한국에서 대학 졸업장은 곧 개인의 수준이며 지위를 뜻하게 되었다. 이렇게 된 데에는 학벌 중심의 엘리트주의가 한 몫을 했다.

그런데 어느 대학을 나오느냐가 사회에서 중요해지는 만큼, 고등학교에서는 어느 대학을 보내느냐를 최우선 명제처럼 생각하게 되었다. 대학별 평가라는 본고사 제도의 한계가 지적된 이후에 지금과 같은 수학능력 시험, 즉 수능이 등장했지만 이는 오히려 '평가 중심'의 교육이 확산되는 결과를 낳았다.

이 과정에는 '평가의 공정성'에 대한 인식이 이데올로기처럼 작용했다. 이데올로기처럼 작용했다는 것은 말 그대로 이념이나 정의처럼 사람들을 움직였다는 것이다. 자녀 교육과 대학 교육이 사회적으로 중요한 문제인 만큼, 경쟁과 평가가 공정해야 한다는 인식이 강력하게 자리잡은 것이다. 객관화되고 수치화할 수 있는 평가 방식 및 시험이 선호되는 이유는 그 때문이다.

우리 사회에서 대학 입시 문제는 결코 가볍게 다룰 수 없는 문제다. 여전히 고위 공직자 자녀들이 불공정 특혜로 입시를 치뤘다는 얘기에 소위 '뚜껑이 열리게' 되는 것이 우리 사회다. 대입 관련 비리는 취업 비리나 군면제 만큼이나 우리 사회에서 예민한 문제다. 그만큼 모두들 힘들게 고생해서 대학에 갔고, 또 자녀들을 대학에 보낸 직간접 경험을 갖고 있기 때문이다. 힘든 입시 과정 속에 누군가에게는 합격의 기쁨이 남겠지만, 누구에게는 탈락의 트라우마가 남는다. 여기에 관련된 심리적 요동은 결국 정책에 대한 요구와 여론을 만들었다. 이는 점차 공정성이라는 명제 하에 '평가 중심'의 교육제도를 더욱 공고히 했다.

물론 공정한 평가 자체가 나쁜 것은 결코 아니다. 다만 평가에는 공정성도 있어야 하지만 변별력도 있어야 했기에 문제가 발생했다. 잘하는 아이와 못하는 아이를 수준에 따라 순위 매길 수 있어야만 했다. 이렇게 공정성과 변별력은 역으로 교육의 굴레가 되었다. 선별과 평가 중심의 교육이 점차 아이들을 문제 푸는 기계로 만들어버린 것이다. 점차 중고등 교육은 대입 지상주의 교육이 되어왔다.

이런 과정 속에서 학교 제도는 점차 교육의 본질에 담긴 이상적 모습과는 거리가 멀어지게 된 것이다. 그리하여 '어떻게 해서든 대학을 잘 보낼 수 있는' 방식의 교육과 '대학에 간 이후에 자녀가 더욱 잘 살아갈 수 있게 하는' 방식의 사이에 격차가 발생하게 된 것이 최근의 현실이다.

그 와중에 필자가 부모님들에게 추천해줄 수 있는 해법으로 주목한 것이 바로 '논술 교육'이다. 대입이라는 현실적 문제도 놓치지 않으면서, 아이들의 장기적인 능력 개발을 최대한 이끌어낼 수 있는 방법, 그 사이에서 찾은 합의점이 바로 논술 교육인 것이다. 바로 아이들에게 논리적인 글을 쓸 수 있게 가르치는 교육 말이다.

필자는 일련의 교육적 실험을 통해, 논술 교육은 대입을 위한 학습 능력뿐 아니라 사회 진출 후의 문제 해결 능력까지 양쪽 모두에 강력한 긍정적 영향을 미칠 수 있다는 것을 확인했다. 자녀에게 줄 수 있는 교육의 선물, 평생 습관을 만들어주는 방법에 대한 키워드로, '논술형 인간'을 내세우는 이유도 여기에 있다. 단지 수시 입학 방법의 하나인 논술 전형을 두고 하는 얘기가 아니다. 대입을 위한 '입시 논술'과 좀 더 포괄적인 '논술 교육'을 구분해서 읽어주셨으면 한다.

논술 교육은 내용을 가르치고 암기시키는 것이 아니라, 생각하는 방법을 길러주는 교육이다. 물론 대한민국 사회 전체에서 학벌주의도 타파하고 아이들의 대입 위주 교육도 바꿔 나가면 좋겠지만, 이 책은 그런 거국적인 얘기를 하려는 것은 아니다. 한 가정에서 부모가 자녀를 위해 해줄 수 있는 것이 무엇인가에 대한 질문에 대해 더욱 집중하고자 한다.

원래 필자는 그야말로 대입 지상주의의 최전선에서 강사 생활을 시작했다. 합격과 불합격, 아이들이 합격하는 대학의 간판, 그 합격률로 철저하게 평가받는 입시 논술 강사였다. 고백하자면, 첫째도 대입, 둘째도 대입을 외치며, 입시 직전의 단기 논술 특강도 마다하지 않는 속물 선생님이었다. 그런데 어린 나이에 강사를 시작하고, 본래는 철학을 전공하였던 터라, 나름은 '교육자적 자아'가 있었다. '이게 교육인가?'라는 의문이 스스로에게 찾아오는 데는 오랜 시간이 걸리지 않았다. 그렇기에 조금씩 나름의 연구와 작은 실험을 시도해 나가게 된 것이 이 책의 출발점이다.

필자는 일정 기간 경험을 통해, 일반 학생들 중에서도 상위 5% 정도에 속하는 '논술형 인간'이 있다는 점을 발견했다. 이미 학원 문을 열고 들어올 때부터 입시 논술 합격의 가능성이 충분한 아이들, 논술에 재능이 있는 아이들이 있었다. 필자는 강사로서 기출 유형 분석과 논리 훈련을 통해 수업을 구성하면서도, 시간이 지날수록 결국 '붙을 아이들이 붙는다'는 생각을 지우기 어려웠다.

당장은 글을 써본 경험이 별로 없는 경우였다고 해도, 논리력이 있고 평생의 독서량이 충분한 아이들에게는 수업의 효과도 훨씬 좋았다. 필자는 그렇게 좋은 자질을 지닌 아이들의 일부를 '논술형 인간'이라고 정의해보기로 했다.

이런 '논술형 인간'은 단순히 똑똑한 아이들, 모범생인 아이들, 성적이 좋은 아이들의 분류와는 조금 다른 특성을 갖고 있었다. 지식에 대한 호기심이 충분하고, 자기만의 생각을 갖고 표현하고자 하는 의지가 있었다. 그런 아이들이 학원 수업을 통해 방법론을 배우면, 그 효과는 단순히 입시에 필요한 요령을 익히는 것 이상으로 나타났다.

필자는 세 가지 부분에서 확신을 얻은 후에, 입시판을 떠났다. 논술 교육을 통한 사고력 개발 및 라이프 코칭 분야로 옮겨오게 된 것이다. 그 세 가지 믿음은 바로 다음과 같다.

첫째, 논술 교육은 아이들에게 생각하는 힘을 길러줄 수 있다.
둘째, 좋은 논술을 써낼 수 있는 능력은 오랜 습관으로 길러진다.
셋째, 논술은 아이들의 인생에 실질적인 도움을 준다. 독해력, 사고력, 논리력을 키우는 것은 내신 성적뿐 아니라 학생부종합전형 및 논술전형 등 입시를 위해서도 좋은 밑바탕이 되며, 특히 대학을 졸업하고 사회에 진출하는 단계에서도 그 힘을 발휘하는 좋은 자산이다.

아이들을 가르치다 보니 이런 경우의 학생들이 있었다. '논술 교육에는 성공했으나, 입시 논술 합격에는 실패한 경우'이다. 입시 논술의 당락에는 다양한 변수가 작용한다. 운도 중요하고, 당일의 컨디션도 중요하다. 지원한 학과의 경쟁률 등 순전히 실력과 노력만으로 채워지지 않는 부분이 많다. 논술 실력은 충분해도 수능 최저 등급을 맞추지 못하여 체념하게 되는 경우도 많다.

그런데 한 두 해가 지나고 아이들과 꾸준히 교류하면서, 필자는 입시 결과를 떠나서 논술 교육은 나름의 힘을 발휘한다는 확신을 갖게 되었다.

'논술 교육에는 성공했으나, 입시 논술 합격에는 실패한 경우'의 아이들은 재수를 해서라도, 논술 전형이 아닌 다른 수시 전형이나 정시를 통해 어떻게 해서든 대학에 갔고, 결국은 자신의 삶을 능동적으로 사는 아이들이 되어 필자에게 돌아왔다. 그런 아이들은 대학에 가서 공모전에 입상하고, 원하는 해외 국가로 교환 학생을 가기도 했다. 자기 진로를 생각하며 취업이나 대학원을 차곡차곡 준비해 나가는 아이들도 있었다.

물론 '논술 교육에도 성공했고, 입시에서도 합격한 경우'도 더할 나위 없었다. 학생회 활동을 하며 리더십을 익히거나, 국제 기구에서 인턴을 하는 아이도 있었고, 여러 아이들이 능동적으로 경력을 쌓고 졸업 후에도 원하는 진로를 찾아 나갔다. 분석하고 비판하는 능력을 발휘해야 하는 경우, 자기 주장의 목소리를 내야 하는 경우, 이런 일들은 대학 생활과 사회 생활에서도 늘 발생하기 때문이다. 그리고 그것이 학교에서는 잘 가르쳐주지 않지만, 바로 사회가 늘 필요로 하는 것이었다.

자, 그럼 이제 '논술이 왜 중요한가'에 대한 대답은 어렵지 않다. 사회가 더 이상 공부'만' 잘하는 학생을 원하지 않는다. 세상이 변한 것이다. 암기를 잘하고 지식이 많고 그래서 주어진 문제의 답을 잘 선택하는 사람들이 인정받던 시대는 지나갔다. 주입식 공부의 효용이 실제로 떨어진다는 것을 사회 선배인 어른들도 알게 되었다.

근대화 초기의 의무 교육은 사람들을 특정한 유형으로 '형성'시키기 위한 부분이 컸다. 그런 의무 교육은 개인의 다양성을 인정하기보다는 그저 정형화된 모범 시민으로 키우기 위한 교육이었다. 하지만 지금은 21세기다. 시간이 지날수록 사회가 급변하고 다양성이 중요해졌으며, 개방성과 창의성의 가치가 주목받기 시작했다.

이제는 주입식 교육만으로 사회에서 인정받고 성공하는 인재를 키울 수 없다는 인식은 한국 사회에도 빠르게 퍼져 나가고 있다. 그러한 인식은 사람들의 요구에 의해 자연스럽게 정책으로 옮겨간다. 장기적으로는 평가 방식과 입시, 고등학교 교육 모두 점차 바뀌어 나갈 것이다. 이미 대학은 수시전형을 통해 '암기하여 문제를 잘 푸는 것' 이상의 자질을 지닌 학생들을 뽑고자 진화하고 있다.

특히 2019년 하반기 정부의 교육 정책 관련된 언론 보도에서는 서술형 · 논술형 수능 도입 검토 논의가 공개되었다. 2028년까지 단계적으로 IB International Baccalaureate, 즉 국제 바칼로레아 방식의 교육 및 평가 과정 도입을 검토하겠다는 것이다. 국제 바칼로레아는 유럽 대학 위주로 세계에서 가장 많은 국가의 대학 입시에서 인정되는 교육 이수 및 평가 체계이다. 교과 지식뿐 아니라 학생들의 독자적 연구 능력 및 사고력과 논술 능력을 평가하는 것으로 알려져 있다. 새로운 교육 및 평가 제도가 정착하는 데에는 현실적 난관이 많겠지만, 이러한 논의가 시작되었다는 것 자체가 시대 변화와 미래 교육의 방향성을 알 수 있는 부분이다.

이렇게 한국 사회에서의 교육에 대한 인식은 중요한 과도기 속에 있다. 그 와중에 논술 교육이 만능이라고 주장하려는 것은 아니다. 다만 시시각각 변하는 교육 환경 속에, 더 오래 남을 교육의 형태는 객관식 문제 풀이보다 논술에 가까울 것이라 단언할 수 있다.

마지막으로, 논술은 디지털 시대에 더욱 중요한 능력이라는 점을 강조하고 싶다. 자칫 종이에 필기 시험을 보던 장면만 생각하여 논술 교육을 오해하는 분들이 있다. 하지만 시대가 바뀌고 소통이 디지털화되면서, 언어를 통한 소통 능력은 오히려 더욱 중요해졌다. 문서를 전자 정보로 주고받게 되면서, 오히려 읽고 써야 할 일은 훨씬 많아졌다.

대학생들이 불과 수십 년 전에는 도서관 사서를 통해 대차 신청을 해야 했던 논문들이 이제는 모두 디지털화되어 온라인에서 검색이 가능하다. 기업에서는 보관하고 공유하는 정보량이 압도적으로 많아졌고, 지식을 잘 섭취하고 소화하는 능력이 그 자체로 경쟁력이 된다. 특히, 정보가 범람하는 시대에는 선별적인 습득과 분석 능력이 더욱 중요해졌다.

논술 교육은 첫째, 읽고 쓰는 능력, 둘째, 이해한 대로 정보와 지식을 조직화하는 능력, 셋째, 자신만의 분석과 통찰을 체계화하여 표현하는 능력, 이렇게 단계적으로 아이들의 능력을 길러 나간다. 이러한 바탕을 어려서부터 길러줄 수 있다면 대입을 위한 학습에도 좋은 기반이 되는 것은 물론이다. 학생부종합전형이나 논술전형을 포함하여, 다양하게 변화하는 입시 전형에 적응하는 데에도 도움이 될 것이다.

물론 가장 중요한 점은, 논술 교육을 통해 길러진 능력은 아이들이 대학을 간 이후에도, 성인이 되어 사회에 나가서도 아이들을 성공으로 이끌 수 있는 자질이 된다는 것이다. 이는 앞서 설명했듯이 더욱이 복합적인 사고력과 비판적 인식 능력을 요구하도록 '세상이 변하고 있기 때문'이다. '왜 지금 꼭 논술인가'에 대한 대답은 그 '변화' 속에 있다.

완성형 인간보다 차별화 인간이 성공하는 시대

교육의 패러다임은 이미 바뀌고 있다. 점점 많은 부모들이 자신의 아이를 '특별하게' 키우는 방법에 관심을 갖고 있다. 이는 성공 신화의 변화와도 무관하지 않다. 이번 장에서는 왜 논술 교육이 더욱 중요해졌는지, 그 시대 흐름의 변화에 초점을 맞추어 좀 더 구체적인 얘기를 해보려 한다.

이를테면 수십 년 전의 성공 신화는 성실과 노력, 꾸준함과 열정으로 이끌어온 것들이었다. 특히 산업화 세대의 어른들 중에는 포기하지 않는 끈기로 성공에 오른 분들이 많았다. 그 안에 담긴 현대적 성공 신화의 주제들은 경쟁에서의 위기 극복과 승리 중심이었다.

하지만 시대가 바뀌면서 성공 신화의 주인공이나 내용도 바뀌었다. 좀 더 창의, 도전, 혁신과 같은 새로운 가치들이 주목받기 시작한 것이다.

IT 산업을 통해 막대한 부를 축적한 빌 게이츠나 스티브 잡스 같은 인물들은, 1970~1980년대 한국의 성공 신화와는 거리가 멀다. 특히 '페이스북'을 창업하여 20대에 억만장자에 오른 마크 주커버그 같은 인물들은, 북미권 청년들의 우상이기도 하다.

앞서 언급한 세 명인 빌 게이츠, 스티브 잡스, 마크 주커버그의 공통점은 IT 분야에서 일찍 성공한 사람이라는 것뿐 아니라, 대학을 중퇴했거나 졸업하지 않았다는 것이다. 미국 벤처의 요람인 실리콘밸리에서는 투자를 받으려면 CEO가 대학을 중퇴해야 한다는 농담이 있을 정도로, 대학 교육에 대한 인식이 우리나라보다 훨씬 개방적이라고 한다. 그리고 이런 인식은 점차 젊은 유학파들에 의해, 국제적인 일에 관계하는 사람들에 의해 한국으로 넘어오고 있다. 그야말로 현대적 성공 신화의 변화이다.

물론 이런 사례는 특정한 분야에 국한된 이야기처럼 보일 수도 있다. 특히 국내의 법조계나 의학계 같은 경우는 여전히 상당히 보수적이며, 성공에 있어서 제도권 내에서의 교육과 절차가 중요하다. 하지만 인공지능 기술이 새롭게 떠오르고 있는 요즘, 법조계나 의학계도 지금과 같은 인력과 체계로 존속하리라는 보장은 없다. 빠르게 대응하는 부모님들은 자녀 교육에 있어서 이미 제도권 교육 이상의 것을 고민하고 있다. 전체적인 산업계의 변화와 그로 인한 성공 신화의 변화는, 점점 더 사람들의 인식뿐만 아니라 교육에 대한 관점에 영향을 줄 것이다.

이미 변화는 시작되었다. 예전과 달리 많은 부모님들이 아이의 '유일함'이나 독창성, 특출한 장점 등에 주목하고 있다. 이것은 '모난 돌이 정 맞는다'는 이야기를 쉽사리 들을 수 있었던 그 이전 세대와는 조금 다르다. 이전처럼 남들만큼 열심히 해서는 잘 살 수 없다는 회의적 인식이 확산되었기 때문이기도 하다. 남들과 똑같아서는 성공할 수 없다는 것을 젊은 부모들이 누구보다 생생하게 체험한 것이다.

필자는 수년 사이에 자녀 교육에 대한 부모들의 관심이 '정교해지고 있다'는 것을 느낀다. 관심이 커진다거나 다양해진다는 것보다도 '정교해진다'는 표현이 적절한 듯하다. 정확하고 치밀하다는 것이다. 이를테면 수년 전만 해도 사교육계의 많은 강사나 학원장들이 정보의 비대칭을 통해 학부모를 끌어들였다. 사교육은 종종 학부모들이 잘 모르는 내용에 대해 그 무지함에 호소했다. 혹은 겁을 주거나 주의를 끌어서 사교육에 지갑을 열도록 이끌어내는 사람들이 있었다.

하지만 지금은 수년 전보다 그런 일이 어려워졌다. 인터넷에는 정말 많은 정보가 흘러 다니고, 엄마들의 상호 커뮤니케이션이나 정보 교류도 훨씬 더 활발해졌기 때문이다. 그로 인해 부모들이 아이를 '어떻게' 키우고 싶다라는 부분이 이전보다 훨씬 구체화되었다. 이전에는 굉장히 막연했다.

그런데 이제 몇몇 똑똑한 부모님들은 자신의 아이들이 어떤 '가치'를 지닐 수 있을지를 고민하게 되었다는 것이다. 이를테면 '숫자

계산은 부족할지 모르지만, 논리적 커뮤니케이션 능력이 뛰어난 아이', 혹은 '꼼꼼함은 조금 부족하지만 감성이 풍부하고 대인관계가 좋은 아이' 이런 식이다. 아이들의 개성을 찾고 특장점을 살려주는 교육 방향으로 부모들의 관심이 구체화된 것이다.

하지만 몇몇 부모님들의 정교해진 관심과 별개로, 여전히 방법론은 1980~1990년대에 머물러 있는 부모님들을 자주 보게 된다. 막연하게 아이가 독창적이 되어야 한다는 것만 알고, 어떻게 교육해야 하는지 구체적인 고민까지는 몰두하지 못하는 것이다. 그러다 보면 '독창성이 있게 해야 한다', '너도 네가 잘하는 일을 찾아야 한다'라는 식으로 당위적인 얘기만 아이에게 반복할 수밖에 없게 된다. 당연하게도 '너만의 독창성을 찾아라'는 말만 반복한다고 해서 아이들이 정말로 독창성을 찾게 될 리는 만무하다.

이때 중요해지는 것이 바로, 완성적 목표가 아닌 차별화 목표를 세우는 것이다. 완성적 목표라 함은 결과적으로 '주어진 것을 모두 완성'하는 것이다. 선택과 집중이 있다기보다는 부족한 점을 무한히 보완하는 과정을 통해서 '만점 인간'을 만드는 것이 목표인 것이다. 하지만 이에 대비하여 차별화 과제를 갖는다고 함은, 특성에 맞는 개별적인 목표를 세우고 고유성을 찾는 과정을 뜻한다. 완전함보다는 개별적 가치에 주목하는 방식이다.

지금 우리가 살아가는 시대의 성공상들은, 여러 면에서 부족함이 없는 완성형 인간이라기보다는, 일부분은 좀 부족하더라도 자신만의 뚜렷한 영역을 개척한 이들이다. 그들은 좁고 깊은 아주 구체적인 목표를 세우고, 그것을 달성하기 위해 뾰족한 노력을 쏟아온 이들이다.

하버드 비즈니스스쿨에서 브랜딩과 혁신 연구에 세계적 권위를 지닌 문영미 교수(그녀는 미국에서 활동하는 한국인 2세다)는, 그녀의 책 《디퍼런트Different》를 통해서 그러한 독창성이 중요함을 얘기한다. 예전에는 시험을 봐서 부족한 부분을 발견한다면, 바로 그 부족한 부분을 해결하여 좀 더 '완성형'으로 만들기 위해 아이들을 교육하려 했다. 하지만 앞으로는 더욱이 잘 한 부분을 강력하게 만들어서 부각시키는 '다름Different'이 사회적 성공에 중요해진다는 얘기였다. 다음 그림(33쪽 참고)은 완성형 인간을 지향하는 교육과 차별화 인간을 지향하는 교육이 어떻게 다른지를 쉽게 설명해준다.

실리콘 밸리의 손꼽히는 창업가이자 투자가인 피터 틸은 자신의 책 《제로 투 원0 to 1》을 통해, 유일함을 만들어내는 창조의 중요성에 대해 얘기한다. 진정한 성공의 비밀은 경쟁에서 이기기 위해 노력하는 것이 아니라, 아무와도 경쟁하지 않을 수 있는 자신만의 분야를 개척하는 일이라는 것이다. 제목에서 알 수 있듯이, 0에서 1을 만드는 창조, 그것이 인생과 사업의 성공 비결이라고 밝힌다. 이전까지는 큰 시장에 뛰어들어서 거기에서 경쟁하고 이겨가는 것이 중요하다는 듯 많은 사람들이 얘기했다.

하지만 이제는 작더라도 자신만의 시장을 발견하여 완전히 독점

대다수의 접근 방식

약점을 보완하려는 시도

더욱 '평준화'된 모습

극소수의 접근 방식

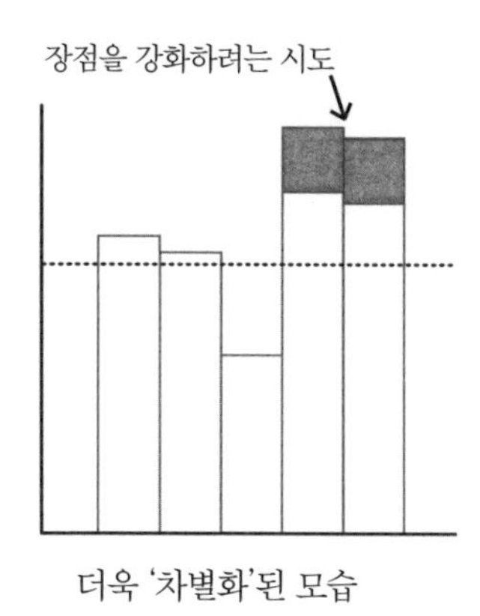

출처: 문영미 지음, 박세연 옮김, 《디퍼런트》, 살림biz, 2011

할 수 있는 창조성을 추구해야 한다는 것이다. 이것은 하나의 기업체에서뿐만 아니라, 한 사람 인생의 성공에서도 마찬가지다.

문영미 교수의 《디퍼런트》나 피터 틸의 《제로 투 원》 같은 책들이 베스트셀러에 오르고 주목을 받는 것은, 그만큼 사회의 성공 방정식이 바뀌고, 사회 분위기가 변화했다는 것을 의미한다. 자기계발서의 클래식인 《성공하는 사람들의 7가지 습관》에서 강조하는 근면함과 상호협력만으로는 부족해진 사회가 된 것이다.

이러한 사회 변화에 발 맞추어 일찍부터 더 새로운 교육에 관심을 쏟는 부모들이 있는 반면에, 여전히 1980~1990년대에 머물러 있는 '완성형' 만능론으로 자녀 교육을 바라보는 부모들도 있으니, 그

온도차가 크게 느껴진다.

그래도 우리 사회의 인식도 조금씩 변화의 바람이 불기 시작했다. 최근 한국 사회에서 자녀 교육 패러다임의 변화는 출산율 저하와 초중등 인구 저하와도 맞물려 있다. 사회 전반에 팽창한 교육적 자원들은 그래도 남아 있는데 아이들의 숫자가 줄어드니, 자연스럽게 사회 전체적으로 한 아이의 교육에 투입되는 자원도 늘어나게 된다. 거기에 부모들의 인식 변화가 맞물려서, 점차 아이들을 '유일해지도록' 만드는 교육이 주목받기 시작하는 것이다.

이는 대안학교에 대한 부모들의 관심 증가 속에서 찾아볼 수 있기도 하다. 홈스쿨링과 대안학교의 실제 성공 사례는 최근 몇 년 사이에 크게 늘어난 듯하다(그만큼 실패 사례도 늘어나긴 했지만, 발전 과정의 필연적 부분이라고 볼 수도 있다). 뿐만 아니라 정부의 정책에서도 아이들의 다양한 적성을 길러주기 위한 의지가 드러난다. 바로 아이들의 진로 적성 개발과 고유 능력 개발을 표방하는 '자유학기제' 전면 도입이라는 정책이 부분적이지만 그런 면을 보여준다.

이런 맥락 속에서 논술 교육이야말로 아이들의 고유성을 길러주는 교육 방식이 아닐까 한다. 왜냐하면 논술 교육이란 주어진 답을 암기하는 것이 아니라, '자신만의 생각을 이끌어내는 방법'을 알려주는 교육이기 때문이다. 논술 교육은 스스로 질문하는 방법을 알려주고, 자신의 주장을 표현하는 방법을 가르친다. 좋은 글을 쓰기 위해선 스스로에 대한 자기 질문과 자기 반성이 필수적이다.

필자 역시 아이들을 지도하며 '정답을 찾아야 한다'는 선언을 주기보다는 '너만의 관점은 무엇이니?'라는 질문을 더 많이 하게 된다. 여기에 중요한 열쇠가 있다. 스스로 질문하고 목적을 탐구하도록 도와준다는 점이다. 완성적 목표는 대부분 정답처럼 명확하게 주어져 있는 것들이 많다. 전과목 1등급, 서울대 합격, 전교 1등 되기, 이런 것은 완성적 목표이다. 애초에 그 선이 정해져 있는 것이고 본인의 독창적 의지와 관계없이 외부 환경이 결정해주는 것이다. 하지만 완성적 목표만을 따라서 성장해온 아이들은 '그 다음'을 상상하는 능력이 떨어질 것이다.

필자가 개인적으로 지도했던 한 아이의 차별화 목표를 예로 들면 이런 식이다. "서른 살까지 30개 나라를 여행하여, 세계 문화와 다양성을 이해하고 커뮤니케이션 능력을 길러, 세계적인 홍보 전문가가 되는 것", 고등학생이 세운 계획 치고는 구체적이다. 또 고등학생이기 때문에 할 수 있는 진취적인 꿈이 담겨 있는 듯도 하다.

세속적인 얘기를 더하자면, 이렇게 뚜렷한 비전이 있는 아이들은 학생부종합전형에서 우수한 성과를 내기도 한다. 물론 고등학생 때 이미 진로를 홍보나 광고 쪽으로 잡는 것은 흔한 일은 아니고, 그 아이 또한 대학생 이후에 진로를 바꾸게 될 수도 있다. 하지만 필자는 그 아이가 어떤 다른 삶을 살든 남들과 다른 자신만의 영역을 개척하리라 믿어 의심치 않는다. 그 이유는 바로 고등학생임에도 불구하고 자신만의 비전을 차별화 목표로서 선포할 수 있었기 때문이다.

심지어는 똑같이 1등 해서 서울대 합격하고 의대에 합격하더라도, 자기만의 차별화 목표를 찾을 수 있는 아이가 세계적인 인재가 될 것이다. 법학에서도 특수한 분야의 전문가가 되거나 미개척 분야에 도전하는 사람이 있고, 의사가 되어서도 새로운 기술을 받아들이며 진취적으로 연구하는 사람들이 있다. 그런 이들에겐 차별화 목표가 있었던 셈이다.

시대가 변하였고 도구와 인프라가 좋아졌다는 것은, 한편으로는 능력의 '상향 평준화'를 뜻한다. 모두가 웬만큼 하니까 고유성 없이는 두드러지기 힘든 것이다. 그렇기에 완성형 인간보다는, 창의적이고 자신만의 개성이 있으며 전문 영역이 뚜렷한 차별화 인간이 성공하는 시대인 것이다.

아이들에게 미래를 위한 교육을 제공해주기 위해서는 지도하는 부모의 마음도 바뀌어야 한다. '생각하는 방법'을 길러주는 논술 교육의 역할에 대해 다시금 생각해봐야 할 때다.

논술형 인간과 논술형 엄마

논술형 인간에 대한 고민이 구체화되기 시작한 것은 몇몇 특별한 학생 때문이었다. 돌이켜보면, 논술학원 문을 열고 들어올 때 이미 거의 합격선 가까이에 있는 아이들이 있었다. 평생의 독서량이나 일상의 문해력에서 남다른 아이들, 물론 이런 아이들은 적절한 내신 성적과 수능 최저 등급을 맞출 모의고사 점수를 보유하고 있기도 했다.

필자는 운이 좋았다. 경력이 없는 초임 때부터 좋은 학생들을 많이 받았기 때문이다. 필자가 사교육계 커리어를 시작했던 평창동의 학원은, 큰 규모는 아니더라도 과거 인근 고등학교 학생들을 대거 합격시킨 이력이 있었다. 그 명성 덕에 필자도 우수한 학생들을 가르칠 기회를 얻은 것이다.

처음에는 막연하게 '공부 잘하는 아이'와 '논술형 인간'을 잘 구분하지 못했다. 질문을 하는 태도와 방식, 글의 문맥을 읽을 줄 아는 능력, 비판적이고 반성적인 사고, 이런 것들은 그저 똑똑한 아이들이라면 누구나 갖고 있는 것으로 생각했다. 하지만 그런 능력은 학교 성적과 높은 상관관계가 있긴 하지만 꼭 비례하진 않는다는 것을 알게 되었다. 내신도 모의고사 성적도 좋지만, 틀에 박힌 생각을 벗어나지 못해서 도통 논술 실력이 늘지 않는 아이들이 훨씬 많았기 때문이다.

그런데 한 해, 두 해를 거듭할수록 매년 데자뷰 같은 것을 느꼈다. 작년에 보았던 그 아이와 꼭 비슷한 아이가 눈에 들어왔다. 조금 미흡한 부분이 있어도 적극적으로 자기 의견을 얘기하는 아이, 똑같은 문제를 다른 각도에서 바라보고 질문할 줄 아는 아이, 이렇게 특별한 아이들이 눈에 띈 것이다.

이런 아이들이 앞서 얘기했던, 상위 5% 정도 '논술형 인간'인 것이다. 단지 '원래 책을 좋아하는 아이'라고 생각하고 넘어갈 수는 없었다. 필자는 어떻게 하면 그런 자질을 기를 수 있을지가 궁금했고 알고 싶었다.

깨달음의 계기는 학부모님들과의 상담에서 왔다. 담임을 맡는 '입시 강사'였기에 가능한 일이었다. 논술 수업은 입시가 다가올수록 지망 학교를 정하고 맞춤 수업을 해야 했고, 자연스럽게 학부모님들과 진득하게 대화할 시간을 갖게 되었기 때문이다.

이 책의 머리말에서도 얘기했지만, 대부분 어머님들은 본인 아이에 대해 얘기하는 것을 좋아한다. 그 아이가 어렸을 때 성격은 어땠고, 어떻게 자랐고, 요즘은 무엇이 어려운지, 어머님들은 이런 온갖 얘기들을 털어놓았다. 소수정예 학원이었기에 필자도 아이들에게 관심이 많았고 어머님들과 교육에 대해 대화를 나눌 시간도 충분했다. 목표에 맞게 학교와 학과를 선택하고, 수시 입시 전형을 선택하는 일은(논술 위주의 수시를 준비하지만, 학생에 따라서 전략적으로 학교장 추천, 특기자 전형 등을 조합하여 준비하는 경우도 많았다) 학원에서 제공해야 하는 중요한 컨설팅이기도 했다. 덕분에 자연스럽게 아이의 수준과 성향을 어머님과 함께 토론하거나 토의해야만 했다. 그리고 시간이 흘러 깨닫게 된 것이다.

'다르구나!'

과연 '논술형 인간'이라고 생각했던 아이들은 그 어머님의 관점과 태도가 달랐다. 이 책을 구성하고 있는 많은 노하우와 논점들은 4년 동안 100여 명의 어머님들과 상담하고 토론한 내용에서 비롯된 것이다. 이후 그 내용을 정리하고 몇 가지 교육 이론과 해석을 덧붙여서 체계화시키려는 노력을 했지만, 그 단서와 사례는 모두 어머님들이 제공해준 것이다. 그러므로 필자는 근본적으로 이 책의 기획과 출판에서 수많은 어머님들께 빚을 지고 있다.

이 책의 제목이 논술형 '엄마'인 것에 불편함을 표현한 분들도 있었기에 짚고 넘어갈 것이 있다. 기획 단계에서 자칫 책의 제목이 '논술 교육은 모두 엄마의 것'이라는 메시지로 오해될 수도 있고, 그런 식으로 훈육의 의무에서 아버지가 배제되는 듯한 인상을 줄 수 있다는 의견을 들은 적이 있다. 이에 대해 필자는 물론 자녀에 대한 모든 노력은 어머니와 아버지 모두가 함께 해나가야 하는 것이라 생각하며, 또한 수많은 아버지들이 이 책의 독자가 되길 소망한다.

다만 아주 실질적인 차원에서 이 책의 탄생은 필자가 만났던 '엄마'들에게서 비롯되었기에, 그에 대한 존중과 감사의 의미로 책 제목을 '논술형 엄마'로 고수하려는 의도가 있다. 세상은 바뀌어 나가겠지만 일단 과거의 상황은 직업적인 이유 혹은 관습을 이유로, 필자와 상담하러 오시는 분들은 대부분 엄마였기 때문이다. 이 책의 시작은 엄마들에게서 비롯된 것이지만, 점차 교육 방법과 태도로서 어머니 아버지 모두의 것이 되어 가길 또한 소망한다.

그럼 다시 그 논술형 엄마들의 '다른 점'에 대한 얘기로 돌아오면, 거기에는 분명 공통점이 있었다. 다만 처음에는 그것이 공유해서 전달하기 어려울 정도로 모호해 보였다. 다른 어머님들은 '그 집 애는 어떻게 키웠대요?'라며 궁금해 한다. 하지만 어머님들 본인이 교육 전문가는 아니기 때문에 설령 일반화시킬 수 있는 것이라도 그 노하우를 체계적으로 설명하지 못하는 경우가 많았다. 대략적인 이야기만 듣고는 재현하기 어려운 '좋은 얘기'에 머무르는 것이다. 그래서 보통은 성공한 엄마들의 얘기를 전해 들으면, '그 집 애는 원래 착하고 똑똑해서…' 같은 결론으로 연결되곤 한다.

하지만 필자는 상당수의 성공한 어머님들을 만나보며, '의식적 노력'이 분명히 아이들 교육 성과에 영향을 미친다는 것을 알게 되었다. 왜냐하면 어머님 본인은 교육 수준이 그리 높지 않은 경우라도, 자식을 훌륭한 논술형 인간으로 키워낸 경우를 많이 보았기 때문이다.

필자가 분석한 논술형 인간은 지식, 논리, 표현, 태도의 4박자를 갖춘 사람을 뜻한다. 논술형 인간인 아이들은 단지 아는 것만 많은 것이 아니라, 논리적으로 사고할 줄도 알고 그것을 언어로 표현할 수 있는 능력도 갖고 있었다. 특히 타인과 적절하게 소통하는 태도나 지적 호기심, 적극성 같은 것도 논술형 인간의 중요한 덕목이라 할 수 있다.

지식은 '알고 있는 것', 학습을 통해 길러진다. 논리는 '활용하고 구조를 만드는 것'이고, 표현은 '지식과 논리가 잘 전달되도록 언어를 구사하는 것'이다, 논리와 표현이 있어야만 자신이 지닌 '지식'을 잘 조직화할 수 있고, 이는 모두 연습을 통해 길러진다.

마지막으로 태도는 가장 기르기 어려운 자질이지만 가장 중요한며, 이는 어린 시절부터 생활 속에서 일어나는 상호작용, 즉 습관을 통해 길러진다. 논술형 인간을 기르는 방법이란, 곧 이 네 가지, 지식, 논리, 표현, 태도를 길러주는 방법과 같다. 이를 도식화하면 다음 그림과 같다(42쪽 그림 참고).

지식, 논리, 표현 모두 중요하지만 어린 시기일수록 가장 중요한

논술형 인간의 소양

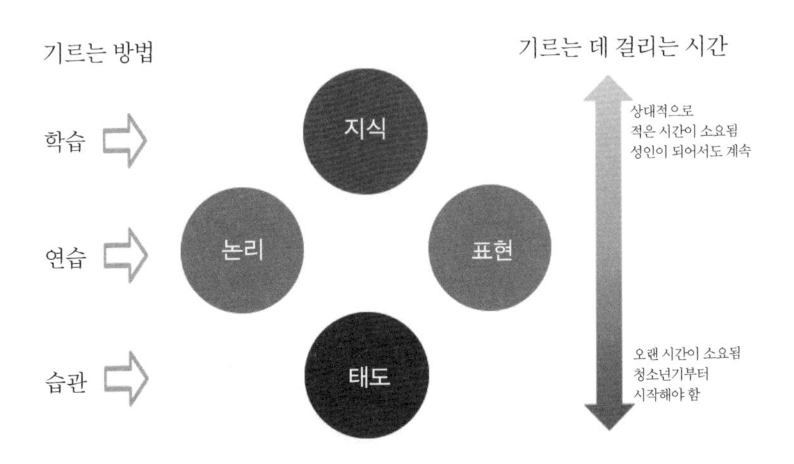

것은 '태도'이다. 현실 세계에서 만난 '논술형 엄마'들은 본인이 꼭 논술형 인간은 아니라도 자녀에게 훌륭한 습관을 선물하고 좋은 '태도'를 형성해준 이들이었다.

필자는 특히 그런 분들을 만나면 상담 내용을 기록하고 직접 분석하고 그 교육 방법의 교집합을 파악해보려 노력했다. 모든 경우에 100% 일치하는 것은 아니지만, 어머님들의 이야기를 모아보니 공통점이 더욱 선명해졌다. 필자가 만난 논술형 엄마들의 공통점은 다음과 같다.

첫째, 책 읽기와 글쓰기를 강제하기보다는 자유로운 환경에서 자연스럽게 접하게 했다.

둘째, 방법에 제한을 두지 않았고, 학교, 학원, 생활, 취미, 여가를 아우르는 모든 것을 교육의 수단으로 삼았다.

셋째, 자녀의 학습 수준과 성향을 냉정하게 파악하고, 거기에 맞는 방법을 택하고자 했다.

넷째, 자녀가 어리고 철이 없다는 것을 알고 있으면서도, 인간 대 인간으로 자녀의 생각을 존중하고 경청하려고 했다. 더불어 자녀와 대화 시간이 충분했다.

다섯째, 당장의 성적과 단기적 성과가 나지 않더라도, 인생을 두고 아이에게 도움이 될 수 있는 교육을 실행하려 했다.

여섯째, 본인이 독서가이거나 혹은 글쓰기에 취미가 있지 않더라도 아이에게 필요하다고 생각되는 활동에 관심을 기울였다.

바로 이 공통점 중에 마지막 여섯째가 이 책의 제목이 논술형 '인간'이 아니라 논술형 '엄마'인 이유이다. 자녀를 성공적으로 키운 어머님들은 막상 본인은 책을 한 줄도 읽지 않더라도, 최선을 다해서 독서 환경을 만들어주고 여러 방법을 쓰고자 했다.

물론 엄마가 함께 독서가가 되는 것이 좋은 방법이지만 꼭 그럴 필요는 없다는 것이다. 그 가능성, 어머님들이 스스로 깨어나고 반성해서 작심하면 아이를 변화시킬 수 있다는 그 가능성과 그에 대한 믿음이 가장 중요하다.

필자는 수년의 수업과 상담 끝에 막상 입시의 성패를 가르는 것은 어머님들이 10년 전부터 준비해왔던 밑그림이라는 확신을 더욱 강하게 갖게 되었다.

여기서 학부모가 대단한 독서가가 아니라도 자녀를 논술형 인간으로 키울 수 있다고 확신을 갖게 된 데에는, 개인적 성장 경험 역시 상관이 없지 않다. 당장 필자 본인만 해도 특별한 사교육 없이 학창 시절에 늘 언어영역은 1등급을 받았으며, 대학에 가서는 어린 나이에 훨씬 선배인 대학원생들과 경쟁하는 전국 단위 논문 공모전에서 우수상을 받기도 했다.

이후로 대학원에 진학하여 인문 융합 교육에 대한 연구와 강의를 직업으로 삼게 된 사람인데, 필자의 어머니는 1년에 책 한 권을 읽지 않는 보통의 중년이다. 다만 필자도 성장 과정에서 어머니가 어떤 관심과 노력을 기울였는지 잘 기억하고 있다.

그러므로 논술형 엄마가 논술형 인간인 경우가 있긴 하지만, 그것이 꼭 필요 조건인 것은 아니라는 얘기다. 오히려 아닌 경우가 훨씬 많다. 본인의 언어 능력에 관계없이 부모의 역할로서 충분히 아이의 잠재력을 키워줄 수 있다는 것이다. 재능과 타고난 자질을 부정하는 것은 아니다. 특히 '표현'에 대한 언어적 감각은 분명히 타고나는 면이 있을 수 있다. 하지만 '지식'과 '논리'는 학습과 연습으로 채워야만 하는 것이다. 그리고 좋은 '태도'는 장기간의 교육으로서 완성되는 것이다.

논술형 엄마의 공통점 가운데 앞의 다섯 가지는, 자연스럽게 책 전체의 내용에 녹아 있다. 그 의미들을 조금만 더 부연하면 다음과 같다.

먼저 첫째 항목처럼, 논술형 엄마들은 아이에게 논술 공부나 그에 관련된 활동을 권유한 적은 있지만, 아이들이 논술에 질려서 싫어하게 될 만큼 강요한 적은 없었다. 환경을 만들어주고 자연스럽게 책 읽기와 글쓰기를 접하게 했다.

또한 학교 공부만 공부가 아니라는 생각을 뚜렷하게 갖고 있었기에, 둘째 항목처럼 필요한 경우 학교 외의 다양한 활동들을 이용하기도 했다. 특히, 취미, 일상 생활, 교우 관계, 여행 등 모든 부분에서 토론과 사고력 학습이 일어날 수 있음에 신경 썼다.

그리고 셋째 항목처럼 자녀의 학습 수준과 성향 파악에 신경을 많이 썼다. 이를테면 또래에 비해 부족한 부분이 있다면, 억지로 책상에 앉히기보다는 좋은 선생님을 찾아주기 위해 최선을 다했다. 한편 반대로 자녀가 또래에 비해 수준이 높다고 판단되면, 자연스럽게 어른 대상의 강연에 데리고 가는 것도 서슴지 않았다.

넷째 항목은 상당히 명료한 것으로, 논술형 엄마들은 아주 유사하게 모두 '경청'의 태도를 지니고 있었다. 이것은 필자도 사람으로서 대화를 나누면서 자연스럽게 느낀 것이다. 경청하는 태도를 자녀에게 길러주는 것만큼은 부모가 직접 솔선수범하지 않고는 어려운 일이라 생각한다.

다섯째 항목은 앞의 모든 요소를 아울러서, 그 논술형 엄마들이 당장의 성적이나 등수에 집착하지 않으려 노력했다는 것이다. 성적과 등수에 초연하려고 '노력'했다는 점이 중요하다. 그 어떤 부모도 자녀의 성적에 아예 신경을 안 쓸 수는 없을 것이다. 하지만 미래를 보려는 신념이 있었기 때문에 일관된 태도가 가능하지 않았을까 생각한다.

이런 것들을 깨닫고 나니, 필자는 이 얘기를 더욱이 초중등 자녀를 둔 어머님들과 나누고 싶다는 생각이 들었다. 심지어 모종의 의무감마저 찾아왔다. 결과의 차이를 바꾸는 흐름은, 훨씬 어린 시절부터 시작되었기 때문이다. 막상 고3 입시 현장에서 그 오랜 습관의 차이를 더욱 선명하게 느꼈다.

오랜 습관을 길러주어야 한다는 것은 막연하고 당위적인 얘기일 수 있지만 한편으로는 가장 확실한 방법이다. 어쩌면 고3이 되어서 성적은 좋아도 원고지 앞에서 쩔쩔매는 아이들을 고액 단기 논술 학원에 보내서 스파르타 교육을 시키고 대학 입학에 성공시키는 것보다, 오랜 습관을 길러주는 것이 오히려 확률적으로 훨씬 현실적인 방법일 수 있다.

성공한 논술형 엄마들은 분명 각고의 '노력'을 들였다는 것을 다시 한 번 밝혀둔다. 무의식 중에 자연스럽게 나온 교육도 있겠지만, 그 어머님들이라고 해서 모든 것이 물 흐르듯 자연스럽게 이루어진 것은 결코 아니라는 점이다. 웅진씽크빅과 능률교육의 대표를 지낸

적 있는 김준희 바른경영아카데미 대표는, 자녀 교육 비결에 대해 다음과 같이 얘기한 적이 있다.

"중고교 때 들볶지 않은 힘인 것 같다. 인내해준 힘. 아이가 스스로 해야 할 이유를 찾고 행동할 때까지 꾹 참고 기다려줬다. 좀 느리고 더디더라도 그런 과정을 건너뛰어서는 곤란하다고 생각했기 때문이다. 집사람 말로는 동창들 사이에서 자신이 시기의 대상이라고 한다. 어떻게 학원 한 번 안 보내고, 과외 한 번 안 시키고 애들 전부 좋은 학교에 보냈느냐면서. 애들을 위해 별로 열심히 한 것도 없는데 복 받았다고. 그런데 집사람은 억울해 한다. 야단치고 싶고, 간섭하고 싶고, 끼어들고 싶을 때 꾹 참고 기다려주는 게 얼마나 힘든지는 잘 모른다면서."

김준희 대표는 네 명의 자녀를 사교육 없이 명문대에 진학시킨 스토리로 유명하다. 그 꾹 참고 기다린 노력은 필자 또한 수많은 어머님들께 들었던 이야기다. 오히려 아이들에게 자연스러운 환경을 만들어주려는 것이야말로 부모가 의식적으로 노력해야 하는 부분이라 할 수 있다.

이론만 보면 아름답고 당위는 거창한 얘기처럼 보일 수도 있다. '누가 그걸 몰라서 못해요?'라고 생각할 수도 있다. 하지만 자녀 교육에 성공한 수많은 선배 엄마들과 교육에 대해 연구하는 학자들은 사실 모두 일관된 얘기를 하고 있다.

이 책에서는 다만 그 얘기들을 선언적으로 반복하기보다는, 가능한 실천에 가까운 것들을 풀어보려 했다. 구체적인 사례를 통해 어머님들이 거쳐야 할 관점의 전환을 상기시켜주며, 직접 실행해볼 방안들을 짚어주고자 노력했다. 또한 필자가 수많은 어머님들께 받았던 질문이나 일반적으로 중고등학교 학습 단계에서 겪을 수 있는 문제들에 대해서도 폭넓게 답하고자 했다. 이 책은 하나의 결론이라기보다는 수많은 어머님들에게 하나의 좋은 발단이 되길 기대한다.

발달심리학자 앨리슨 고프닉의 말을 인용하며 이 글을 마치려고 한다. 또한 본격적인 이야기의 시작을 열어보려고 한다.

"부모는 깎고 짜맞추는 목수보다, 자랄 수 있는 환경을 가꾸는 정원사가 되라."

◈ 1장 요약 ◈

왜 지금 꼭 논술인가

- 대한민국의 교육 제도는 대입 평가 중심이었고 공정성과 변별력을 갖춰야 했기에, 현실적으로 '대학을 잘 보내는 교육'과, '대학에 간 이후에 자녀가 잘 살아가게 하는 교육'이 서로 멀어졌다.
- 논술 교육은 입시와 인생 양쪽 모두의 성공에 기여할 수 있는 좋은 대안이다. 내용을 암기하기보다는 문해력, 논리력, 표현력의 기초를 쌓는 교육이기 때문이다.
- 디지털화가 가속될수록, 읽고 써야 하는 일이 더 많아지고 정보를 선별하여 소화하는 능력은 더욱 중요해진다. 그렇기에 논술 교육의 필요성은 점점 더 커질 것이다.

완성형 인간보다는 차별화 인간이 성공하는 시대

- 시대가 바뀌어 성공 신화도 변했다. 《성공한 사람들의 7가지 습관》과 같은 고전적 자기계발서에서는 근면함을 강조했지만, 새롭게 떠오른 《Different》 같은 책에서는 '차별성'을 강조한다.
- 못하는 부분을 보완하여 완성형 인간이 되는 것보다, 개성을 발견하고 차별형 인간이 되는 것이 미래를 살아갈 자녀들에게 더 좋은 성장 전략일 것이다.

- 논술 교육은 차별화 목표를 세우고 도전하는 인간형에 적합한 교육 방법이라 할 수 있다. 주어진 문제에서 정답을 찾기보다, 자신만의 문제를 찾고 생각하는 힘을 길러주는 교육이기 때문이다.

논술형 인간과 논술형 엄마

- 논술형 인간은 지식, 논리, 표현, 태도의 4박자를 갖춘 사람으로, 오랜 시간 형성되어온 좋은 독서 습관을 갖고 있다. 이들은 대학 입시와 이후의 삶 모두에서 성공하는 모습을 보여줬다.
- 상담을 통해 만난 논술형 인간의 어머님들은, 자유로운 환경 주기, 모든 활동을 교육의 수단으로 삼기, 자녀의 수준과 성향에 맞는 교육, 존중하는 대화법, 장기적인 관점 등의 특징을 갖고 있었다.
- 논술형 엄마는 본인이 독서가나 작가는 아니었지만, 관심과 노력으로 아이들이 책 읽기와 글 쓰기 습관을 갖게 하는 데 성공했다.

2

논술형 엄마는 좋은 습관을 선물한다

글쓰기, 숙제가 아니라 놀이여야 한다

가끔 잘못된 글쓰기 교육은 오히려 글쓰기 습관을 망친다. 필자가 가장 비판하는 방식 중 하나가 '획일화된 독후감 쓰기'다. 공교육에서 글쓰기를 배우다 보면 한 번씩은 거치는 과정이다. 그 획일화된 독후감 쓰기에 대해 설명해보면 다음과 같다.

먼저 처음에는 책을 읽게 된 동기로 시작하는 것이 좋다고 한다. 그리고 책의 핵심 줄거리를 요약하며 소개한다. 다음으로 자신의 감상과 책을 읽고 느낀 점을 쓴다. 마지막으로 책을 읽은 후에 얻게 된 삶의 교훈이나 자신이 변화한 점을 잘 쓰면 된다고 한다. 이렇게 '순서대로 쓰는 방법'을 '독후감 쓰는 법'이라는 이름으로 수많은 아이들이 판에 박힌 듯 연습한다. 글의 처음-중간-끝에 어떤 내용을 써야 하는지 배우는 것을 특별한 비법 배우듯 한다. 정말로 그런 방식을 연습하면 글을 잘 쓰게 될까? 천만의 말씀이다.

간혹 초등학생인 자녀에게 독서 노트를 쓰게 시키는 부모들이 있다. 형식화된 독서 노트를 숙제하듯 시키는 것이다. 어떤 교육서를 읽어보니 '책을 읽고 독서 노트를 꼬박꼬박 쓰게 하는 습관을 들이는 것이 좋다'라고 써 있었고, 그 선언을 문자 그대로 실천한다는 것이다.

답답한 일이다. 실제로 몇 번 초등학생들의 독서 노트를 본 적이 있는데, 그 안에서 어린 아이들 특유의 자유분방함은 찾아볼 수 없었다. 마치 교과서 요점 정리하듯 독서 노트를 쓰는 것, 이런 교육은 자칫 아이들의 습관을 더욱 해칠 수 있다. 그런 형식화된 요약 정리 방법으로는 아이들의 창의성과 비판적 사고를 기르기 어렵기 때문이다.

게다가 초등학생 아이가 책 수십 권을 읽고 독서 노트를 썼는데, 그게 모두 학원 숙제하듯 분량을 채워둔 것이라면 정말 끔찍한 일이다. 독후감이 그 자체로 나쁘다는 얘기는 아니다. 하지만 독후감이 나쁜 것이 아니라 '정형화된 글쓰기'가 나쁘다. 그리고 '숙제'인 것이 나쁘다. 책 읽기가 얼마나 즐거운 일인데 굳이 억지로 독서 노트를 쓰게 해서, 그 즐거운 것을 괴롭게 만들어버린단 말인가.

필자는 논술형 인간인 고등학생들에게 물어본 적이 있다. 고등학생 시점에서 이미 좋은 독서 습관과 독해 작문 능력을 가진 아이들, 그들에게 초등학교나 중학교 때 엄마가 시켜서 독서 노트 쓰기 같은 것을 해본 적이 있냐고 물어본 것이다. 단언컨대 단 한 명도 없었다. 정말로 한 명도 없었다. 학교 방학 숙제나 형성 평가 때문에 그런 것을 해보았다는 아이들은 많았지만, 오히려 아이들이 '집에서 책을 읽는데 엄마가 왜 그런 걸 시켜요?'라고 되묻기도 했다.

엄마는 이것저것 숙제를 내주는 사람이 아니라, 단지 책이라면 마음껏 읽게 해주는 사람이라고 했다. 엄마가 해야 할 일과 선생님이 해야 할 일이 왜 다른지 생각하게 만드는 부분이다. 아이들의 자발성과 즐거움을 해칠 수 있는 것이라면, 억지로 시키는 독서 노트는 안 하느니만 못할 수 있다. 오히려 성공하는 '논술형 인간'인 아이들은 독서 노트 숙제 같은 것은 해본 적 없는 아이들이었다.

필자는 이 책에서 체계적으로 보이도록 포장한 방법론이나 테크닉을 내세우지는 않을 것이다. 그것보다는 어머님들이 지녀야 할 소통 방법, 환경 만들어주기 같은 것들을 언급하고자 한다. 더불어 아이를 논리적이고 똑똑한 사람으로 키우기 위해 필요한 엄마의 '태도'와 '철학'에 집중하여 얘기하고 싶다. 그런 것이 장기적인 관점에서 훨씬 중요하기 때문이다. 어쩌면 뻔한 얘기일 수 있지만, 오히려 그런 당연해 보이는 관점이 실은 더 중요하다는 것이 수년간 교육 경험을 통해 내린 잠정적 결론이다.

글쓰기 교육에 대한 잘못된 신화는 곳곳에서 찾아볼 수 있다. 특히 시중의 교육서를 보거나, 학부모 강연 같은 것을 가보면 그럴 듯한 방법론들을 접하게 된다. 아이를 똑똑하게 키우기 위한 5가지 방법, 글을 쓰는 데 중요한 6가지 테크닉, 학습 능률을 올리는 7가지

지도법 등등, 이런 식으로 숫자를 붙이고 방법론을 만들어두면 보기에는 아주 그럴싸해 보인다. 이렇게 목록을 제안하면 선생님 입장에서도 할 말이 있어 보이고, 어머님 입장에서도 대단한 것을 따라 한다는 착각에 빠지게 된다.

심지어 필자도 이 책을 쓰는 과정에서, 목차를 그렇게 뽑아보면 어떻겠냐는 조언을 받기도 했다. 마케팅 측면에서 효과적일 수는 있겠지만 고개가 절레절레 저어지는 일이다. 막상 그렇게 뽑는 5가지 비법, 6가지 테크닉은, 그 위계가 균등하지 않고, 순서가 논리적이지 않은 경우가 많다. 억지로 그런 목차를 뽑아내고 싶진 않았다.

물론 그런 비법으로 알려진 것들의 하위 항목에는 정말 유효한 것도 있기도 하다. 그러나 겉으로 그럴싸하게 보이는 비법을 따라하는 것보다 중요한 것은 부모님들이 좋은 철학과 태도를 갖는 것이다. 아이들의 자발성을 길러주고, 기본 소양에 대한 습관을 만들어주는 과정에 집중하는 것에 대해서 말이다.

아이에게 운동을 시키든, 악기를 시키든 마찬가지다. 그런 몇 개의 비법만으로 우리 아이가 갑자기 변할 리 없다. 아이들의 논리력과 사고력에도 좋은 자세와 꾸준한 연습이 필요할 뿐이다. 반복과 연습이 중요하기 때문에 글쓰기를 운동이나 악기에 비교하기도 하는 것이다. 그 연습의 과정을 거치려면 아이가 스스로 재미를 느끼는 데서 시작해야 한다. 자기 스스로 재미를 느껴야 학습의 동기부여로 이어지기 때문이다.

즉, '어떻게 하면 우리 아이를 책도 많이 읽고 글도 잘 쓰는 아이로 만들 수 있을까'라는 질문은 '어떻게 하면 우리 아이가 책 읽기와 글쓰기를 스스로 즐거워할 수 있을까'라는 질문으로 바뀌어야 한다. 즐겁기만 하다면 시키지 않아도 아이들 스스로 한다. 하지 말라고 말려도 한다. 그러니 부모는 어떻게 하면 책 읽기, 글쓰기, 논리적 사고를 즐겁고 재미있는 것으로 만들 수 있을까만 고민하면 되는 것이다.

그렇기 때문에 유소년기와 청소년기의 글쓰기 교육은 '숙제가 아니라 놀이여야 한다'고 선언해본다. 글쓰기 교육을 처음 시작하는 단계일수록 이와 같은 접근이 필요하다. 그렇다면 놀이의 의미란 무엇일까. 놀이의 중요한 특성들은 '자발성'과 '무목적성', '자유로움' 같은 것이다.

'자발성'이라 함은 스스로 하고 싶을 때 할 수 있고, 그만두고 싶을 때 그만둘 수 있어야 한다는 의미이다. 원래 피아노 연주를 좋아하는 아이도, 선생님이 연습실에 가둬 두고 10번 연습을 채울 때까지 나오지 말라고 한다면 금세 연습을 괴로워하게 된다. 이런 방식은 자발성을 저해한다. 글쓰기도 자신이 쓰고 싶을 때 쓰고, 그만두고 싶을 때 그만두게 해야 한다. 물론 글을 완결하는 것은 중요한 습관이며, 그에 대한 내용은 '완결도 습관이다'라는 다른 장에서 따로 다룰 것이다. 다만 그 모든 교육법보다 자발성이 먼저라는 사실을 잊어서는 안 된다.

'무목적성'이라 함은 말 그대로, 특정한 목적 없이 그 과정 자체가 즐거워야 한다는 의미다. 종종 글쓰기 지도를 할 때 '대회에 나가기 위해', '학교 수행 평가를 위해서' 준비시키는 부모님들이 있다. 물론 충분히 이미 동기부여가 된 상태라면 글짓기 대회 등을 안내해주는 것은 좋은 길잡이가 된다. 그러나 주객이 전도되면 안 되며 '과정의 즐거움'이 훨씬 중요하다.

'자유로움'이라 함은 그야말로 놀이의 핵심적인 특성이다. 형식적인 틀을 벗어날 수 있어야 한다는 의미다. 필자는 틀에 박힌 글쓰기 교육을 항상 제일 비판한다. 서론 본론 결론에 각각 어떤 내용을 써야 하는지를 가르치는 것은 고전적인 방법이며, 본말이 전도된 방식이다. 테크닉은 오히려 나중에 얼마든지 가르칠 수 있다. 그보다 중요한 것은 글쓰기에 필요한 기초 체력을 기르는 일이다. 기초 체력이란 충분한 지식, 충분한 논리력, 충분한 표현력 등을 뜻한다.

기초 체력을 기르는 것은 가능한 놀이와 같아야 하고, 그 과정에서 '자유롭게' 자신의 생각을 펼치는 방법을 익혀야 한다. 글은 좋은 기법을 배운 아이들이 잘 쓰는 것이 아니라, 하고 싶은 말이 분명한 아이들이 잘 쓴다.

필자가 실제 아이들을 지도할 때는 꼭 '자유로움'이라는 전제에서 시작한다. 처음에는 분량의 제한도 주지 않고, 최대한 제한 조건을 걸지 않으며 아무 말이나 써보고 놀자는 것이다. 물론 놀이라고 해서 규칙이 없는 것은 아니다. 아이들이 놀이터에서 하는 술래잡기에도 규칙이 있듯이, 어떤 놀이들은 고유한 규칙을 포함하고 있다.

이를테면 소설에 대해 독서 감상문을 쓴다고 하면 '내가 주인공이라면 어떻게 다르게 행동했을지를 중심으로 써보자' 정도의 놀이 규칙을 포함하는 것이다.

항상 무언가 배우거나 교훈을 느낄 필요는 없다. 주인공을 비판하기만 해도 되고, 소설의 주제와 상관없더라도 주인공의 행동이 자신의 마음에 드는지 안 드는지 생각만 써도 된다. 정답이 있듯이 평가하며 아이들을 틀에 가두는 것이 아니라, 자유롭게 자기 생각을 펼친 점을 칭찬해주며 이끌어가는 것이다. 심지어는 주인공의 성격이나 갈등과 관계없이 주인공의 외모 묘사에 대해 어떻게 생각하는지, 주인공이 어떤 장면에서 멋져 보였는지, 이런 내용이라도 자유롭게 쓰도록 내버려두는 것, 이게 바로 놀이다.

만약 자녀에게 자연스럽게 독서 노트를 쓰게 하고 싶다면, 함께 영화 감상을 하고 나누는 대화를 생각하면 쉽다. 어머님이 청소년 나이로 돌아가서 또래의 친구와 영화를 보았다고 가정해보자.

같이 영화를 보고 극장을 나오면서, 학교 숙제인 감상문 쓰듯 대화 나누지는 않을 것이다. 영화에서 얻을 수 있는 교훈은 있겠지만 토론하지는 않을 것이다. 아마 주인공이 얼마나 잘 생겼는지 얘기할 수도 있고, 인상 깊었던 장면이 무엇인지, 왜 인상 깊었는지 얘기하게 될 것이다. 가장 가슴 찡한 장면이 어디였는지, 결말에서 의문 가는 점은 무엇이었는지, 이런 것들을 자연스럽게 얘기 나누게 될 것이다. 그런 대화는 논리보다는 공감과 소통으로 시작한다. 글쓰기도 마찬가지로 하면 된다.

즉, 글쓰기를 놀이로 만드는 원칙들은, 우리가 일상적으로 나누는 소통의 즐거움에서 시작하는 것이 좋다. 기행문이든, 체험학습 보고서이든, 자신이 보고 느낀 것을 다른 사람과 나누려는 자세가 더 중요한 것이다.

그런데 이런 교육이 실행하려면 어머님부터 숙제와 학습에 대한 사고 방식을 바꾸어야 한다. 무엇보다도, 공부 외에 모든 것은 노는 것이고, 노는 것 외에는 공부라는 이분법부터 버려야 한다. 어째서 공부는 노는 것이 될 수 없는가? 부모가 그런 이분법에 빠져 있다면 아이에게도 공부가 결코 즐거운 것이 될 수 없다. 논술 교육도 마찬가지이다. 충분히 놀듯이 표현하며 생각을 키우고 학습 효과를 이끌어낼 수 있는데, 학습은 학습이고, 노는 것과 다르다고 선을 긋는다면 한계에 갇히게 된다.

그러니 "책 많이 읽는 사람이 성공한대, 너도 책 많이 읽어." 이것은 완전히 잘못된 접근이다. 호기심을 해결하는 데 독서가 자연스럽게 따라오도록 해야 하고, 그 독서에 대한 생각을 스스로 정리하는 데 글쓰기가 따라오도록 해야 한다. 영화 감상이건, 여행이건, 사진을 찍어 남기거나 티켓을 수집하여 기억을 남기듯이, 글쓰기는 자신의 생각과 삶의 장면을 기록하는 중요한 수단이다. 일기 검사 함부로 하지 말아야 하고, 억지 독서 노트 닦달하는 일이 없어야 한다. 책 읽기와 글쓰기를 '검사'하는 것이 아니라, 내 자녀라는 작가가 신작을 내주길 기다리는 좋은 '독자'가 되어주면 그만인 일이다.

대학생이나 성인들 중에 글쓰기 자체에 두려움이나 울렁증을 갖고 있는 사람들이 있다. 글쓰기에 대한 그 오랜 거부감이 성장 과정 내내 축적된 사람들이다. 대학 수업의 과제이건, 회사에서 써야 하는 리포트이건, A4용지 하얀 면만 놓고 있으면 가슴이 답답해진다는 것이다. 그들의 기억 속에는 아주 어린 시절부터, 숙제 검사의 대상이 되고, 평가받고 지적 받기만 했던 수많은 글쓰기의 기억들이 쌓여 있을 것이다.

반면에 글쓰기 자체에 거부감이 없고 담담하게 '쓰면 되는 것'이라는 생각을 갖고 있는 사람들이 있다. 그렇게 글쓰기를 쉽고 편하게 느끼게만 해주어도 이미 시작 단계는 성공이라고 본다.

꼭 아이가 대단한 성공자가 되지 않는다고 해도, 한 명의 어머님이 아이에게 글쓰기라는 취미와 습관을 선물할 수 있다면 이 책 한 권은 그 의미를 다하는 것일 수도 있다. 물론 아이들은 좋아하게 되면 자주 하게 되고, 자주 하게 되면 잘하게 된다. 결국은 어려서부터 글쓰기를 취미로 삼는 아이들이 커서 논술형 인간이 된다. 자연스러운 귀결이고, 그런 습관은 아이들 자신이 원하는 것을 성취해나갈 수 있도록 도울 것이다. 그 시작이 놀이와 즐거움에 있음을 잊으면 안 된다.

완결도 습관이다

어머님들을 모셔놓고 강의나 설명회를 할 때면, 자주 받는 질문이 있다. "왜 우리 아이는 끝까지 해내지 못할까요?"라는 것이다. 그러면 나는 이런 얘기를 꺼낸다.

"왜 우리 아이는 금방 질리고, 하나를 진득하게 해내질 못하고, 왜 머리는 좋은데 노력을 안 할까요? 정말 놀라운 사실은, 여기 계신 수많은 어머님들이 똑같은 생각을 하고 계시다는 겁니다."

이런 얘기를 꺼내면 곳곳에서 웃음이 터져 나오기도 한다. 공감의 웃음이기도 하고, 자조적인 웃음이기도 하다. 진지하게 앉아 있지만 엄마들 모두 똑같은 일상적인 고민에 휩싸여 있다는 것을 알게 되기 때문이다. 정말로 우리 아이는 왜 머리는 좋은데 노력을 안 할까?

그런데 그 고민스러움에 비해서 '정말로 왜' 우리 아이는 무엇 하나 끝까지 해내지 못하는지를 심도 있게 생각해보는 엄마들은 드물다. 보통은 쉽게 '아이들의 끈기 없음'으로 규정해버리는 경우가 많다. 하지만 필자는 단호하게 얘기할 수 있다. 아이들의 타고난 능력 문제가 아니라, 부모의 버릇 들이기, 습관 만들어주기의 문제라고 말이다.

완결도 습관이다. 아이들이 무엇 하나를 끝까지 해내지 못한다면, 아무리 작은 일이라도 그것을 끝까지 해내는 경험을 자주 겪어보지 못한 것이다. 완결 짓는 경험이 쌓이고 쌓여야 습관이 되는데, 그런 경험이 없는 것이다. 작은 일이건 큰 일이건 쉽게 성취를 느껴보지 못하고, 그래서 무언가를 완료하는 기쁨을 느껴보지도 못하고, 그러면서 몸만 크며 성장하는 것이다. 작은 것이라도 자꾸 스스로 목표를 세우고 완성하는 연습을 해야 아이들의 끈기도 늘어난다.

무언가를 '완결하는 습관' 만들기는, 근육을 단련하는 것과 같다. 완료하는 습관이 생기면 생길수록 점차 들어올릴 수 있는 과제의 무게와 크기가 늘어나게 되는 것 같다. 작은 일을 하나 완결해보지 못한 사람이 큰 일을 해낼 리 만무하다. 단계가 필요하다는 것이다. 그러니까 자녀가 무언가를 끝까지 해내지 못했다면? 끈기가 없어서일까? 게을러서일까? 우리 아이는 쉽게 흥미를 잃는 성격이어서일까? 머릿속에 딴 생각만 가득 차 있기 때문일까? 필자는 이렇게 생각한다. 단 하나, '적절한 과제가 주어지지 못했기 때문'이라는 것이다.

사람은 너무 어려운 과제가 주어지면 쉽게 체념해버리고, 너무 쉬운 과제만 주어지면 쉽게 흥미를 잃어버린다. 물론 대부분의 아이들이 성장 과정에서 겪는 현상은 너무 어려운 과제를 갖게 되는 쪽이다. 좀 더 정확하게 얘기하면, 충분한 단련이 되어 있지 않은 상태에서 무리한 과제만 받게 되기 때문에 끈기를 발휘하기 어렵게 되는 것이다.

여기서 과제가 어렵다는 것은 여러 의미를 포함한다. 단지 풀어야 할 문제의 숫자가 너무 많아서일 수도 있고, 읽어야 할 책의 분량이 많아서일 수도 있고, 아니면 난이도가 너무 어렵거나, 시간이 너무 부족하거나, 이 모든 것은 아이들의 지구력에 '어려움'을 주는 것들이다.

모든 아이는 각자의 '능률 곡선'을 갖고 있다. 부모가 학습 설계자로서 아이를 이끌기 위해 가장 주목해야 할 것은 바로 이 '능률 곡선'이다. 일부분 홈스쿨링을 생각하는 부모는 물론이고, 아이를 학원이나 과외 선생님에게 맡기는 부모라 하더라도, 꼭 생각해보아야 할 것이다. 아이의 학습 습관을 형성하는 기준에 가장 중요한 지표 중 하나라고 할 수 있기 때문이다.

이 능률 곡선 그래프의 X축은 주로 '시간'이며 '학습량'에 해당한다. Y축은 아이들의 '학습 성과'라 할 수 있다. 학습량에 따른 학습 성과, 이것이 능률이다. 즉 어떤 구간에서는 학습량에 따라 특정한 비율로 학습 성과를 얻게 되지만, 특정 지점에 가면 능률이 현격하

능률 곡선

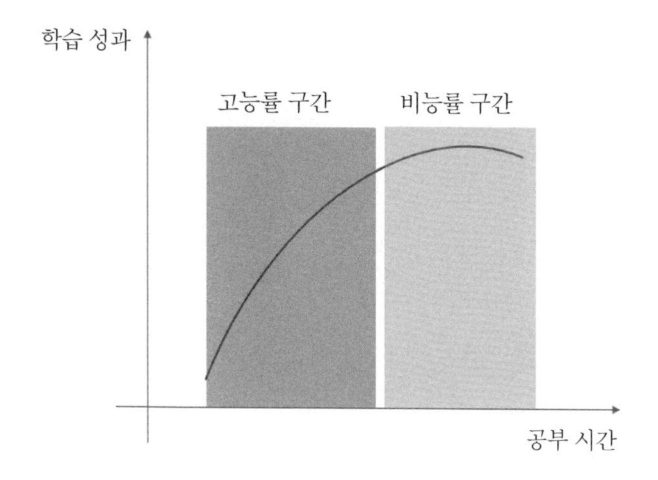

게 떨어진다. 똑같은 시간을 쓴다고 해도 노력한 만큼 효과가 나지 않는 시간도 있는 것이다.

능률이 나는 구간에서는 어떤 아이든 열정적으로 학습에 임하게 된다. 공부하는 만큼 즉시 효과가 나오면 흥미가 자극되는데, 열심히 하지 않을 이유가 없다. 안타까운 점은 수많은 아이들에게 이 능률 구간이 무척 짧다는 것이다. 이것은 1~2시간 정도의 학습에도 적용되고, 1~2개월 정도의 긴 학습에도 적용된다. 많은 공부가 초반에는 쉽고 재미있으며 성취감도 느끼기 쉽다.

하지만 이러한 능률 구간을 넘어서면 능률이 현격하게 떨어지면서 하기 싫고 늘어지는 비능률 구간이 찾아온다. 능률 변곡점이 있는 것이다. 그렇다면 여기서 학습을 지도하는 선생님이나 어머님들은 질문에 봉착하게 된다. '아이들이 조금 비능률적이 된다고 해도 목표를 달성하고 진도를 맞추기 위해 계속 과제를 줄 것인가', 아니면 '능률적으로 할 수 있는 만큼만 적당한 과제를 줄 것인가' 하는 것이다.

현실적으로는 아이들 대부분이 능률 정도에 상관없이 과제를 받게 된다. 딱 상쾌하고 깔끔하게 뿌듯한 지점까지만 과제를 수행하는 경우는 없고, 항상 어느 지점부터는 능률이 나지 않는데 '하기 싫은 마음'을 견뎌가며 꾸역꾸역 과제를 수행하는 것이다.

여기서 필자는 과감하게, 과제의 양이 극히 적더라도 아이들이 능률 구간 내에 해낼 수 있는 과제를 주는 것을 제안한다. 단지 1시간 만에 완전히 끝낼 수 있는 것이라고 해도, 단지 일주일 만에 습득할 수 있는 학습 과정이라고 해도, 그것을 짧게 끊어서 아이들에게 '완결'을 학습시키는 것이다. 그리고 점차 그 시간 단위와 과제의 양을 늘려가는 훈련법인 것이다.

필자의 논리는 간단하다. 결과적으로는 똑같이 10문제를 풀게 되더라도, 애초에 10문제만 과제를 내주고 그것을 깔끔한 기분으로 완결시키는 것이, 괴로운 마음으로 20문제를 풀다가 절반에서 중도 포기하는 것보다 훨씬 낫다는 것이다. 똑같이 결과는 10문제를 푸는 것인데, 전자의 경우 뿌듯함이 남고, 후자의 경우 죄책감이 남는다. 과업을 작은 단위로 쪼개더라도 아이들에게 성취감을 주는 것이 중요하다. 필자는 이것을 경험적으로 깨닫게 되었다. 무엇이든 한 번 완결지어보았다는 것은 아이들에게 자신감이 된다는 것 말이다. 필자는 긴 분량의 논술문 작성에서 그 결과를 분명하게 살펴볼 수 있었다.

최근에는 입시 논술의 작문 글자 수가 줄어드는 것이 추세이지만, 예전에는 한 번에 1500자를 써야 하는 문제 유형도 많이 있었다. 그런데 논술을 훈련받지 못한 대부분의 학생들은 한 번에 앉은 자리에서 1500자짜리 제대로 된 글을 쓰기 어려워 한다.

이럴 때는 계속해서 1500자를 연습시키는 것이 능사가 아니다. 숙제를 내주면 글자 수를 채워오지 못하는 것은 물론이고, 현장에서 논술 모의고사를 시켜도 끝부분에서 집중력이 떨어져 글이 산만해지는 것이 보통이다. 그러면 어떻게 아이들이 1500자를 한 번에 명쾌하게 써낼 수 있도록 할 것인가.

간단하다. 300자 쓰기부터 훈련시키면 된다. 아이들이 논술 문제를 풀다 보면, 따로 훈련받지 않아도 300자 정도는 어찌 완결성 있게 쓸 수 있다. 300자 쓰기 훈련을 반복하다 보면, 300자는 어떻게든 깔끔하게 쓸 수 있다는 자신감을 얻게 된다. 점차 자신도 모르는 사이에 300자보다 넘치게 글을 쓰게 되는 시점이 온다. 논리를 배우다 보면 오히려 300자는 너무 짧아서, 하고 싶은 말을 줄이기 어렵다고 느끼기도 한다.

그럼 300자 글쓰기를 훈련시키다가 한 번은 글자 수 제한 없는 숙제를 내주면, 아이들이 자연스럽게 700~800자를 써내는 시점이 온다. 그러면 500자 쓰기로 넘어간다. 500자 쓰기를 반복하면 역시 어떻게 해야 500자에 맞는 구조와 주제를 잡을 수 있는지에 대한 감이 생기기 시작한다. 그 다음에 1000자로 넘어간다. 물론 입시 논술 실전에서는 짧은 글과 긴 글의 전략이 약간 다르긴 하지만, 주제를 잡고 논지를 전개시키는 능력을 발휘한다는 점에서는 같다.

이러한 과정을 거치다 보면 결국 아이들은 처음에는 왜 1500자를 쓰는 것이 그토록 어렵고 고통스러웠는지 생각도 나지 않을 정도로 어느 순간 자연스럽게 1500자 논술을 쓰게 된다. 필자가 글쓰기 훈련을 근육 운동에 비유하는 것은 이 때문이다. 갑자기 처음부터 무거운 무게로 운동을 하면 몸만 힘들고 부상을 당할 수도 있다. 지식 습득이나 논리 훈련도 마찬가지다. 본인의 역량보다 무거운 과제를 받게 되면 재미도 붙지 않고 자신감도 없다.

하지만 그것이 작은 무게일지라도 자신이 딱 해낼 수 있는 만큼부터 시작해서 점차 늘려 나가면 결국 무거운 과제를 수행할 수 있게 되는 것이다.

한 번 끝내 보았다는 자신감은 확실한 힘을 갖고 있다. 이를 심리학에서는 자기효능감Self-efficacy이라고 부른다. 자신이 어려워하는 무언가를 달성해 나갈 수 있는 자기 인식을 뜻한다. 효능감을 기르는 방법은 아주 낮은 단계의 어려움부터 차근차근 극복해 나가는 것이다. 그러므로 필자가 얘기한 논술문 1500자 쓰기 훈련법은, 큰 틀에서 아이들의 모든 학습 활동에 적용될 수 있다. 수학 문제 숙제를 한꺼번에 100문제를 받아서 스트레스만 받게 만드는 것이 아니라, 딱 집중력 있게 해낼 수 있는 10문제만큼만 하도록 해서, '완결'하는 느낌을 익혀 나가게 하는 것이다.

수많은 아이들이 항상 숙제를 제대로 다 끝내지 못하는 부채감과 죄책감에 시달리며 학원을 다닌다. 아이들에게는 '다 끝내놓았다'라는 해방감과 끝내 놓고 노는 즐거움도 필요하다. 그런데 아이들이 경험할 수 있는 교육 현장의 대부분은, 아이들의 개별적인 집중력과 능률을 고려해주지 않는다. 이것은 교육 현실의 한계이기도 하다.

필자가 말한 방법론이 작동하려면 퍼스널 트레이너가 훈련 프로그램을 짜주듯이, 선생님이 아이 한 명 한 명의 능률 곡선과 인내심, 동기부여를 고려하며 그에 맞는 과제를 주어야 한다. 1500자 쓰기 훈련의 경우라면, 어느 시점에서 500자 쓰기로 넘어갈지, 어느 시점에서 1000자 쓰기로 넘어갈지, 아이의 상황과 능력에 맞게 선생님이 판단해주어야 한다는 의미다. 하지만 이러한 맞춤식 교육을 모든 아이들이 경험하기는 현실적으로 어려운 것이다.

하지만 그래도 어머님들은 '완결도 습관이다'라는 명제와, 능률 곡선의 의미에 대해 꼭 이해하고 있어야 한다. 그래야만 우리 아이가 '머리는 좋은데 노력은 하지 않는' 미스테리를 풀 수 있기 때문이다. 아이가 어느 지점에서 뿌듯함을 느끼고 어느 지점에서 괴로워하는지에 관심을 가져야만, 아이의 한계와 가능성을 동시에 알 수 있다. 그리고 적절한 과제가 주어지지 못했기 때문에 완결하는 힘을 기르지 못한다는 것에 대해 고민해보아야 한다.

그래서 한계는 극복하도록 도와주고, 가능성은 살려주어야 한다. 그러기 위해선 부모도 아이의 한계가 어디쯤인지 분명히 인식하고 인정하고, 그에 맞는 과제를 주어야 한다는 것이다. 당장은 아이의 한계에 답답하고 만족스럽지 못할 수도 있겠지만, 아이가 성장하여 충분한 능력이 보일 때는 더 적극적으로 과제를 주면 된다.

논술형 인간은 막연한 모범생이 아니다. 자발성과 주체성은 학습 습관에서도 곧바로 나타나는 논술형 인간의 중요한 특징이다. 아이들 스스로 능률과 효율에 대한 자기인식이 생긴다면, 나중에는 스스로 자기 컨디션을 조절해가며 공부를 할 수 있게 된다. 하지만 모든 아이들이 처음부터 그런 것에 대해 고민하지 않는다. 아이들의 집중력과 지구력에 맞는 과제가 어느 정도인지는, 선생님이나 부모가 함께 관찰하며 고민해주는 것이 좋다.

아주 현실적인 관점에서는 초, 중, 고등에 관계 없이 아이가 너무 많은 과제에 파묻혀서 괴로운 시간만을 보내고 있는 것이 아닐지 점검해주어야 한다. 현실의 과제는 주로는 너무 많아서 문제이기 때문이다. 아이에게 적절한 과제를 주어 이끌어주어야 하고, 그것을 도와줄 수 있는 선생님을 찾아야 할 것이다.

처음부터 능률을 고려하지 않고 아이들을 과제 속에 묻어두면,

동기부여가 생길 리 없다. 똑같은 양의 과제라 하더라도, 단계적 훈련을 거쳐서 '완결하는 힘'을 기르면 언젠가는 그 양이 많지 않게 느껴질 것이다. 완결도 습관이다. 적절한 자기 능력에 맞는 숙제를 찾도록 해주고, 그걸 끝내 나가는 습관을 들여주는 것, 이것도 부모가 아이에게 줄 수 있는 큰 선물 중 하나이다.

'찾아보는 공부'의 힘

필자는 어려서부터 호기심이 많은 아이였다. 선생님에게 시도 때도 없이 이런저런 질문을 해서, 초등학교(당시에는 국민학교였다) 때 별명이 '서질문'일 정도였으니, 아주 알고 싶은 게 많은 아이였던 셈이다. 그런데 필자의 부모님은 박식하여 항상 모든 질문에 답을 주는 분들은 아니었다. "뭐 그런 걸 궁금해 하고 그래."라며 면박을 주는 부모님이 아니었다는 것만으로도 참 다행이지만, 때로는 어른들은 알 법한 것들도 곧바로 쉽게 대답해주신 적이 별로 없었다. 대신 이런 말을 줄곧 듣곤 했다. "평화야, 사전 찾아봐라."

필자가 아주 어렸을 때 집에는 조금은 허름한 백과사전 세트가 있었다. 아마도 친척 집에서 물려 받았던 것으로 기억한다. 그러다가 처음으로 집에 깨끗한 최신 브리태니커 백과사전이 생겼을 때의 기쁨은 이루 말할 수 없다. 어린 마음에는, 세상의 모든 지식을 다 알 수 있을 것만 같은 기분이었기 때문이다. 국어 사전을 찾아보고, 백과사전을 찾아보고, 중학생 고등학생이 되어서 이제는 사전만으로 알 수 없는 것들이 생기면 도서관에서 직접 책에 관련된 내용을 찾아보게 되었다.

그리고 바로 그 '사전 찾아봐라'라는 말이 아주 중요한 습관을 형성해주었다고 생각하게 된 것은, 필자 또한 선생님이 되고 난 후의 일이다. 아이들에게 '직접 찾아보는 습관'을 들여주는 것은 아주 중요하다는 것을 알게 되었기 때문이다. 똑같은 답이라도 그냥 알려주는 것보다, 본인이 직접 수고로움을 들여서 찾아보고 알게 되는 것이 더 좋다. 성취감도 더욱 커지고 내용에 대한 이입도 느끼기 때문이다.

암기 능력보다는 문제 해결 능력이 중요하다는 것은 이제 조금은 흔한 얘기가 되었다. 교육계 어디서든 논의되고 있는 중요한 이슈이다. 이제는 교육의 패러다임도 시대상의 변화에 맞추어 변하고 있다. 단지 지식을 습득하고 문제를 푸는 시대는 끝나가고 있다.

앞으로 더욱 중요한 것은 아이가 스스로 계속해서 탐색하며 배울 수 있는 '학습 능력'이다. 그렇게 변화하는 세대에 맞는 중요한 습관을 길러주는 방법 중 하나가 바로, 똑같이 그냥 알려줄 수 있는 답을 한 번 더 본인에게 찾아보게 하는 방법이라는 것이다.

필자는 이러한 나름의 통찰을 그대로 아이들 교육에 적용시켜본 적이 있다. 똑같이 수업을 통해 설명으로 가르쳐줄 수 있는 내용을 일부러 참고서 형식의 교재로 나눠준 것이다. 그리고 학생들 스스로 내용을 찾아가며 숙제를 하도록 시켜보았다. 입시 논술 문제들이 교과 범위에서 나온다고 해도, 교과서 밖의 개념이나 용어를 많이 알면 알수록 좋다.

이를테면, '모라토리움' 같은 특수한 용어라든가, '사회계약설'처럼 말 자체는 언뜻 어렵지 않게 생겼으나 특정한 의미를 알아야만 하는 것들이 있다. 이런 것들은 따로 개념 및 용어로 정리해서 가르친다. 그런데 이런 개념 정리는 자칫 주입식 암기 수업으로 흐르기 쉽다.

그래서 필자는 작은 실험적 방법으로, 아이들이 '찾아가며 공부하는 재미'를 느낄 수 있는 방법을 시도해보았다. 먼저 3개월치 학원 숙제를 미리 정한 후에, 그 숙제들에 필요한 필수 개념들을 사전 방식의 교재로 따로 정리했다. 논술문 작성에 필요하지만 평소 접하기 어려운 용어들도 많이 넣었다.

보통은 숙제를 내주고 '숙제의 길잡이'와 같은 식으로 출력물을 함께 내주기도 하지만, 역시 그렇게 뻔하게 가이드가 붙어 있는 방법으로는 '찾아보는' 재미가 적을 수밖에 없다. 그래서 아이들에게는 당장 숙제와 직접 연결된다고는 얘기하지 않은 채 '사전식 교재'를 미리 나눠준 것이다. 물론 그 사전식 교재에는 숙제에 관한 것뿐만 아니라 여러 개념과 용어 또한 포함시켰다.

그리고 아이들에게 사전식 교재를 항상 갖고 다니라고 한 뒤에,

매주 그 사전식 교재가 활용될 수 있는 숙제를 내기 시작했다. 이러한 방법의 목적은, 아이들이 '찾아가며 공부하는 방법'에 맛을 들이도록 하는 것이기도 하고, 교재에 담긴 개념과 용어들을 더욱 잘 이해할 수 있도록 하는 것이기도 하다.

물론 이런 교습법을 쓴다고 해서 단시간에 아이들이 갑자기 '사전을 찾아가며 스스로 공부하는 아이'로 바뀌지는 않는다. 모든 변화에는 오랜 시간이 필요하다.

다만 필자가 수업과 교재를 통해 간단하게 실험해본 결과, 시간이 지나니 해당 개념과 용어들을 더욱 잘 이해하도록 하는 데는 제법 효과가 있는 듯 보였다. 이전보다 아이들의 답안이 좋아졌다는 것이 눈에 보였기 때문이다. 똑같은 개념이라도 떠먹여 주듯이 문제 옆에 참고 표시와 함께 써 있으면 휙 읽고 넘어갔을 것이다.

하지만 아이들에게 궁금증과 어려움을 먼저 느끼게 하고, 사전식 교재를 활용하도록 하자 아이들이 그 내용을 더 분명하게 기억하게 된 것이다. 아이들의 증언을 빌리자면, 그것 하나를 알고 나니까 문제가 퍼즐이 풀리는 것처럼 '아, 이게 이 의미구나' 하고 알게 되면서, 더 분명하게 기억하게 되었다고 한다.

이것은 일종의 '문제해결적 이해'의 효과이다. 단지 일방적으로 주입 받는 지식은 자기 것으로 쉽게 소화되지 않는다. 반면에 아이들에게 먼저 궁금하게 만들어서, 그것을 찾아가며 '아!' 하고 무릎을 탁 치게 되면 좀 더 내용이 기억에 남게 되는 것이다. 그렇게 스스로 깨닫는 학습 방식이 습관이 된다면, 시간이 지났을 때 자기주도적인 아이들과 그렇지 않은 아이들 사이에 큰 격차가 발생할 것이다.

이런 경험 후에 필자는 논술형 엄마들의 자녀 교육 방식을 다시 한 번 유심히 살펴보았다. 그리고 기초 지식이 풍부했던 아이들이 유소년기에 어떤 식으로 지식을 접했는지 물어보기도 했다. 역시 공통점이 있었다. 그것이 꼭 사전을 사주고 찾아보게 하는 방식은 아닐지라도, '역시나!' 하는 생각이 들 정도로 부모님들이 자기주도적 여건을 만들어주었던 것이다. 즉, 바로 당장 답을 알려주는 것이 아니라 아이가 스스로 궁금하게 한 후에, 그것을 찾아볼 수 있도록 한다는 것이었다.

아이가 궁금증이 생겼을 때 방치해두는 것이 아니라 그것을 알 수 있는 계기를 충분히 주거나, 교재, 책을 주었다는 점은 당연하다. 얘기를 들어보니 실제로 백과사전이나 전과류의 보조 교재를 활용한 부모님도 있었고, 비교과 영역의 충분한 책을 사주거나 인터넷 자료를 직접 활용하도록 지도해준 부모님도 있었다.

즉, '찾아보는 공부'에 활용될 수 있는 매체는 다양하다. 사전은 아니지만 여러 항목을 사전처럼 직접 찾아볼 수 있도록 출판된 교재들, 도감, 백서, 필수 교양서 등을 활용할 수 있다. 게다가 요즘 세상은 어떠한가. 인터넷의 위키피디아에는 온 세상의 지식이 다 펼쳐져 있다. 교과서에 나오는 특정 개념에서부터, 교과서에도 아직 없는 현대사의 역사적 사건들, 심지어는 아이들이 좋아하는 가수의 생애에 대한 것까지 인터넷에 모두 담겨 있다.

심지어 위키피디아는 세계 수십 개의 언어로 열람할 수 있다. 전 세계의 집단 지성이 만들어낸 대단한 일이다. 필자의 경우에는 '내가 어렸을 때는 왜 이런 것이 없었을까' 억울할 정도이다.

다만 아직은 인터넷에 모든 것을 의존하는 방식은 조금 경계할 필요가 있다. 정리된 한 권의 책을 직접 찾아볼 때만 생기는 효과가 있기 때문이다. 책을 찾아볼 때는 딱 원하는 내용만 보게 되는 것이 아니라, 전후 맥락과 주변 내용을 자연스럽게 보게 된다. 웹페이지에서 검색하면 딱 원하는 결과만 취하게 되는 것과 달리, 책을 찾을 때는 앞뒤 내용을 살펴보며 흐름을 따라 원하는 내용을 찾는 과정 자체가 학습이 된다.

물론 요즘은 인터넷에서도 연관 검색어나 관련 내용을 띄워주어서 관련된 내용을 보는 효과가 있긴 하다. 하지만 특정 내용을 책에서 찾아보다가 그 책 한 권을 관통하는 주제를 발견하는 재미 같은 것은 역시 기대하기 어렵다.

그렇듯 인터넷 페이지와 책의 가장 큰 차이점이라고 한다면, 웹페이지는 개별적인 내용이 각각 흩어져 있는 방식인 반면에, 책은 하나의 주제로 여러 글들이 유기적으로 연결되어 있다는 점이다. 웹페이지라면 원하는 내용만 찾아보고 바로 다음 페이지로 넘어가거나 창을 닫을 테지만, 책을 찾아본다면 최소한 물리적으로 그 한 권을 손으로 잡아보고, 살펴보고, 둘러보게 된다.

그 외에도 여러 교양서를 참고로 찾아보게 하는 교육의 이점은 몇 가지 더 있다. 이를테면 특정 책에서 본인이 원하는 내용을 찾기 위해 그 구조를 따라가다 보면, 일부러 긴 글을 읽으라고 숙제를 주었을 때보다 더욱 자연스럽게 긴 글을 읽게 되는 효과가 있다.

때로는 책 전체를 읽지 않아도 책의 목차를 보며 어떤 지식들이 어떤 위계와 순서로 조직화되어 있는지를 구경하는 것만도 아이들에게는 도움이 된다. 이렇듯 아직까지는 인터넷에 모든 것을 의존하기보다는 아날로그적인 방식으로 책을 찾아볼 때 얻을 수 있는 여러 이점들이 더 있을 것이다.

중요한 것은 아이들에게 스스로 행동하고 선택하는 계기를 줌으로써 그 지식이 '자기 것'이 된다는 느낌을 주는 것이다. 정리하자면 찾아보는 공부의 힘은 첫 번째로 궁금증과 호기심을 갖는 과정, 둘째로 자기 손으로 직접 찾아본다는 효능감과 성취감, 셋째로 찾아본 내용을 스스로 조직하게 되는 경험, 이런 단계를 거칠 것이다.

이것은 일방적으로 주어지는 지식을 습득하기만 하는 것과 분명히 다르다. '찾아보는 공부'의 습관을 위해 논술형 엄마들이 해야 할 일은 밀어넣기보다는 끌어당기는 것이다. 궁금한 것을 직접 찾아보도록 여건을 만들어주는 것, 직접 알려주기보다는 아이가 스스로 알고 깨달은 것에 더 많은 칭찬을 해주는 것, 이런 방법들은 결과적으로 아이가 스스로 공부하고 생각하는 습관에 좋은 영향을 줄 수 있을 것이다.

문제지와 풀이보다도 백과사전이나 필수 교양서와 친하게 지내도록 하는 것, 거기에 아이들을 좀 더 논술형 인간에 가까이 가도록 하는 길이 있다.

신문 활용 교육?
이제는 뉴미디어 활용 교육!

인터넷이 보급되기 전만 해도 초중등학교에서는 논술 교육으로 NIE를 많이 실행했다. NIE는 Newspaper In Education, 즉 신문 활용 교육이다. 인터넷이 보급된 이후로도 언론사들은 NIE를 직간접적으로 장려해왔다. 그리고 몇몇 교사분들이 신문을 시사 교양 교재로 활용하면서 신문 활용 교육은 명맥을 이어왔다. NIE에서는 신문 속에서 특정한 지식을 접하기도 하고, 신문 속의 주장과 비판을 통해 사회 문제를 바라보는 연습을 하기도 한다.

하지만 이제는 신문 활용 교육으로는 부족한 시대가 되었다. 오히려 신문 속에만 갇혀 있으면 오히려 제대로 된 논술 교육을 영위하기 어려운 시대가 되어버렸다. 신문의 지위와 역할이 예전 같지 않기 때문이다. 어쩌면 신문의 질은 그대로일지라도 신문의 권위가 예전 같지 않다는 표현이 더 맞을 수도 있다. 새로운 미디어와 소통

방식이 등장하면서, 독점적이기도 했던 신문 속 정보와 비평의 권위가 예전 같지 않아진 것은 사실이다

우선 아이들이 접하는 미디어, 즉 매체의 폭이 훨씬 넓어졌다. 포털의 게시물이나 커뮤니티의 글들뿐만 아니라, 전문 블로그, 웹진 그리고 영상을 포함하는 유튜브까지 정보 습득 채널이 다양해졌다. 지면 신문만이 정보의 전부이던 불과 십 수년 전에 비해서 지금의 세대는 훨씬 많은 정보의 범람 속에 있다.

미국 교사들은 수업에 칸 아카데미Khan Academy, 크래시 코스Crash Course 등의 유튜브 동영상 강의를 활용한다고 한다. TV를 보지 않는 아이들에게도, 인터넷 공유 영상은 빼놓을 수 없는 매체가 되어버렸다. 아이들은 각자 소셜미디어 계정을 갖고 있으며, 인터넷 게시판이나 블로그에 글을 쓴다. 이렇게 어려서부터 스마트폰 스크린과 인터넷을 접한 세대들을 디지털 네이티브라 부르기도 한다. 이제는 그들에 맞는 뉴미디어 활용 교육이 필요하다.

요즘 아이들은 신문보다는 웹 검색을 통해 더 많은 정보를 접한다. 심지어 종종 웹 검색보다 유튜브에서 지식과 정보를 얻는다. 위키피디아를 학교 과제에 적극 활용하기도 하고, 여러 개별 홈페이지에서 자료를 얻는다.

불과 십 수년 전만 해도 중고등학생들이 수업 과제를 할 때 인터넷 상의 자료를 잘 검색하여 정리만 해도 되었으나, 이제는 그것만으로는 오히려 과제에서 좋은 점수를 받을 수 없게 되었다. 인터넷

검색 능력과 그것을 정리하는 능력은 이제 기본 중의 기본에 불과하다. 더 나아가서 방대한 자료를 잘 압축하고, 거기에 독창성을 더해서 정리하는 것이 이전보다 더욱 중요하게 되었다.

필자도 수업에서 보조 교재의 일종으로 위키피디아를 주요하게 활용한다. 특정한 사건이나 인물에서부터, 사회과학과 자연과학 전반에 이르는 개념까지, 각각의 항목마다 필요한 내용들이 잘 정리되어 있기 때문이다. 단, 국문 위키피디아보다는 영문 위키피디아를 더 많이 활용한다. 이는 내용의 질적 차이 때문이기도 하고, 똑같은 항목이라고 해도 영문 위키피디아가 더욱 풍부한 정보를 제공하는 경우도 많기 때문이다.

특정 항목의 경우는 국문 위키 페이지가 별도로 작성된 것이 아니라, 영문 위키 페이지를 그대로 번역해와서 작성된 경우도 많다. 그런 경우라면 더욱이 원본의 형식에 가까운 영문 위키를 보는 것이 나은 것이다. 영문 위키피디아를 검색해보면, 대학이나 대학원의 수업 교재에서나 다룰 법한 어려운 개념들이 구체적으로 잘 설명되어 있어서 깜짝 놀라는 때가 많다.

단지 어떤 책의 내용을 베껴 놓은 것이 아니라 수십 개의 참고문헌과 함께 정리된 내용을 보자면, 그 내용들을 작성해준 익명의 사람들에게 감사한 마음까지 느끼게 된다.

꼭 위키피디아가 아니더라도 구글을 통해 '영문'으로 된 웹과 자료를 검색할 수 있게 된다면, 그저 네이버 지식인만 검색하던 어린 아이들은 완전 다른 세상을 만나게 된다. 전 세계에 퍼져 있는 자료의 양은 비교도 되지 않을 정도로 국문보다 영문 쪽이 압도적으로 많기 때문이다. 자료가 많은 만큼 검색엔진을 통해서 좀 더 신뢰도 있는 내용들을 찾을 수 있게 되었다. 출처 없이 내용만 적혀 있는 네이버 지식인보다는 나은 것이다. 이것이 필자가 영문 웹의 활용을 더욱 많이 강조하는 이유이다. 특히 앞으로 성장하는 아이들에게는 영문 웹을 검색하는 습관을 들이게 해준다면, 평생 활용 가치가 훨씬 커질 것이다.

물론 언어의 한계는 장벽이 될 수 있다. 하지만 위키피디아 기준으로 볼 때 핵심적인 내용들은 상당히 보편적인 단어들로 구성되어 있기 때문에, 영어를 조금 잘하는 중학생 정도라면 내용을 이해하는 데 어려움이 없을 것이다. 때로는 영어 사전이나 인터넷 번역기의 도움을 조금 받아도 괜찮다. 물론 영문 위키피디아를 많이 접할수록 당연히 아이들의 영어 실력도 조금씩 향상될 것이다.

그런데 받아들이는 정보의 양이 많은 만큼, 뉴미디어 활용 교육에서는 중요한 몇 가지가 있다. 첫 번째는 정보의 신뢰도를 확인하는 방법을 익히는 것이다. 뉴미디어 활용 교육은 인터넷에서 몇 차례 자료를 찾아보고 숙제를 해결하는 것에서 끝나는 것이 아니다. 뉴미디어 활용 교육의 목적은 아이가 스스로 문제를 해결하기 위해 폭넓게 뉴미디어를 활용할 수 있도록 돕는 데 있다.

이때 아이들은 부모나 교사가 통제할 수 없을 정도로 폭넓은 내용들을 접하게 되는데, 가장 먼저 떠오르는 문제 중의 하나가 바로 내용의 신뢰도이다. 정보의 신뢰도를 확인하지 않고 인터넷 상의 자료를 무분별하게 받아들이기만 한다면 오히려 부작용이 생길 수도 있기 때문이다.

정보의 신뢰도를 확인하는 방법 중 가장 수월한 것은 출처의 확실성과 권위를 보는 것이다. 아이들이 출처 미상인 불확실한 내용을 갖고서 공부하는 것은 아닌지 한 번쯤 확인해보아야 한다. 뉴미디어를 활용하여 정보를 찾을 때는 어떤 경로로 찾았는지 물어보고, 출처를 찾아볼 수 있도록 지도해주어야 한다. 인터넷 상에서는 누군가 임의로 작성한 '의견'에 불과한 것들도 정보의 탈을 쓰고 많이 돌아다니기 때문이다.

다만 블로그에서 접한 내용이라고 해도, 명확한 근거를 제시하는 것들이 있다. 학술지나 학술 관련 유명 출판사에서 비롯된 내용이거나, 해외 주요 언론에서 비롯된 내용이라고 하면 이미 한 번 검수 절차를 거친 것이므로 상대적으로 신뢰도가 있다고 볼 수 있다. 자료의 출처가 어디인지 단순히 확인하는 방법 외에, 같은 내용의 정보를 서로 다른 곳에서 찾아보아서 교차 검증하는 방법도 있다. 검색을 통해 같은 내용을 다른 채널 혹은 사이트에서도 비슷하게 서술하고 있는지 찾아보는 것이다.

보통 사회과학의 새로운 연구 결과에 의한 내용이나, 새롭게 정의된 개념 등은 반드시 여러 곳의 출처에서 유사하게 언급된다. 이를테면, 월스트리트저널이나 블룸버그와 같은 언론, 시중 출판 서적에서 비롯된 내용, 위키피디아의 항목, CNN 방송 등 여러 출처에서 모두 비슷한 얘기를 하게 된다는 것이다. 이렇게 두루 찾아볼 수 있는 내용들은 신뢰도가 있는 것이다. 반면에 아무리 찾아봐도 단 하나의 사이트에서만 나오는 내용은 상대적으로 신뢰도가 낮을 것이다.

뉴미디어 활용 교육에서는 신뢰도를 따지는 것만큼이나, 또한 사실과 의견을 구분하는 방법을 익히는 것도 중요하다. 사실과 의견을 구분하여 생각하는 방법은 논술 교육 전체에서 특히 중요한 것이지만, 인터넷에서는 더욱 중요하다. 워낙 다양한 의견이 공존하고 그것이 여러 정보와 혼재되어 있기 때문이다.

이렇게 어느 정도 신뢰도를 확보한 자료라면, 그런 인터넷 상의 정보를 스크랩하고 관리하는 방법을 익혀야 한다. 방대한 내용을 잘 정리하고 축약하여 메모하는 방법은 역시 논술 교육 전반에서 가장 중요한 것이기도 하다. 신문을 오려서 수집하는 신문 스크랩 방법과 달리, 요즘은 즐겨찾기에 추가하거나, URL 링크를 남겨두는 방법으로 쉽게 정보를 스크랩할 수 있다. 인터넷 익스플로러나 크롬의 확장 프로그램을 이용하여 웹페이지를 스크랩할 수도 있다.

그런데 수많은 자료를 단지 시간 순서로만 스크랩해두고서, 무장적 쌓아두고 다시 돌아보지 않는 아이들이 있다. 분명히 어디서 본 것 같은 자료라도 다시 찾아보려면 곤란해 하는 경우도 많다. 그렇기 때문에 정보를 잘 활용하려면 스크랩을 할 때 메모와 핵심 키워드를 잘 남겨 놓는 것이 필요하다. 혹은 그 자료가 어디에 쓰일 수 있을지에 따라서 태그를 붙이거나 폴더 별로 잘 정리해두어야 한다. 이렇게 한 번 정리했던 정보에 쉽게 다시 접근하기 위해 따로 메모해두는 인덱스나 키워드 등을 '메타 정보'라 한다. 디지털 시대에 메타 정보를 활용하는 방법은 스크랩을 쌓아두는 '폴더의 이름 짓기'에서부터 시작된다.

이상의 것들은 정보를 어떻게 잘 섭취하고 적용하는가에 대한 것이라면, 인터넷을 활용하는 민주 시민이자 성숙한 인터넷 누리꾼으로서 배워야 할 지식도 있다. 그것은 바로 인터넷 및 뉴미디어 활용 과정에서 나타날 수 있는 각종 권리 침해에 대한 상식이다.

가장 주요하게 문제가 되는 것은 물론 저작권과 같은 지적재산권이다. 정보가 방대해지고 인터넷 상에는 잘 정돈된 글이 많은 만큼, 예전보다 훨씬 많은 아이들이 '베끼기'의 유혹에 노출되어 있다. 중고등학생들이 학교 수행평가 과제를 레포트 사이트에서 사고 파는 일도 빈번하다. 그뿐만 아니라 명확한 출처 표시를 하지 않은 상태에서 남의 글을 자신의 글처럼 속여서 숙제를 하는, 일종의 표절행위 또한 문제가 될 수 있다.

이것은 꼭 법적인 문제라기보다는 윤리의 문제라 할 수 있다. 누가 규제하지 않아도 아이들 스스로 문제 의식을 자각하고 지켜야 한다는 것이다. 세 살 버릇이 여든 간다고, 어려서부터 베끼기나 도용하기에 둔감해진 아이들이 커서 성숙한 대학생이 되기는 어려울 것이다. 그렇기 때문에 어려서부터 지적재산권에 대한 분명한 인식과 교육을 심어주는 일이 중요하다.

또한 인터넷 상에서는 게시물이나 덧글을 통해, 명예훼손이나 허위사실유포 등도 빈번하게 일어난다. 우리들의 자녀가 그런 악성적인 글을 작성하리라 생각하는 부모는 거의 없을 테지만, 때로는 그런 게시물들을 퍼다 나르거나 2차 3차적으로 다른 사람에게 얘기하는 것 자체도 죄가 될 수 있다. 그렇기에 인터넷 세대를 살아가는 아이들에게는 더욱이 권리 침해에 대한 교육도 중요한 것이다.

그러한 성숙한 태도와 관점까지 익히게 된다면, 결국 뉴미디어 활용 교육의 종착점은 '자신만의 콘텐츠를 만드는 방법'을 익히는 것이라 생각한다. 이를테면 블로그나 유튜브 채널을 개설하는 경험은 폭넓은 의미로 1인 미디어로 자신의 글을 출판해보는 경험과 같다. 인터넷 세상이라는 공중에 공개하고 나면, 불특정 다수가 와서 볼 수도 있는 콘텐츠가 되기 때문이다. 블로그는 일단 개설하고 계속해서 글을 올리게 되면, 검색 유입 등을 통해 전혀 새로운 사람들이 들어와서 글을 볼 수 있게 된다.

필자는 뉴미디어 활용 교육에 대해 얘기하면서, 그 정보의 방대함, 신뢰성, 활용 가치 등에 대한 얘기를 했지만, 인터넷 시대 이후 가장 큰 변화 중의 하나는 바로 누구나 언제든 그 미디어 세계에 동참할 수 있게 되었다는 것이다. 블로그, 트위터, 유튜브, 독립 홈페이지 등 청소년들도 다양한 방식으로 정보 생산과 여론 형성에 동참할 수 있게 되었다.

일방적으로 정보를 습득하기만 하던 것에서, 그러한 양방향적 소통이 가능하게 된 것이 진정한 뉴미디어 시대 이후의 혁신적인 변화라 할 수 있다. 각 취미 분야에서는 이미 하루에 수천 명이 넘는 방문자가 찾는 블로그를 운영하는 고등학생들이 많이 있다. 위에서 위키피디아를 교재로 활용하는 학습에 대해서 얘기하기도 했지만, 중학생 아이들도 마음만 먹는다면 위키피디아의 작성자이자 편집자로 활동할 수 있다.

그것이 그야말로 뉴미디어 세계인 것이다. 다만 너무 무분별하게 인터넷 세계에 동참하는 것이 글쓰기 습관을 해칠 수도 있다. 인터넷 게시판은 하나의 서브 컬처 문화를 형성하고 있기도 하지만, 너무 비형식적인 글만 쓰게 된다거나, 정돈되지 않은 짧은 글쓰기만 남발한다거나 하는 부작용도 있기 때문이다.

어차피 자녀 세대가 인터넷으로 더 많이 소통하게 되리라는 것은 막기 어려운 흐름이다. 근본적으로는 인터넷에 글 쓰는 행위를 권장하되, 인터넷에 글을 쓴다고 해도 자신의 생각을 잘 정리하고 조직화해서 올리는 습관을 들이는 것이 중요하다.

기행문이거나 감상문을 자신의 블로그에 올려서, 다른 사람들과 교감하고 글에 대한 반응을 얻는 것은, 글쓰기에 동기부여도 주고 좋은 영향을 많이 준다. 혼자 종이에 쓰고 선생님에게 보여주는 것보다 훨씬 자연스럽게 더 많은 글을 쓰는 연습의 계기가 되기 때문이다. 그러므로 인터넷을 이용하여 글을 쓰는 습관도 잘 살려주는 방향으로 하되, 남들이 본다는 책임감을 갖고 신뢰도 있고 정돈된 글을 쓰려는 노력을 하도록 지도하는 일이 필요할 것이다.

관찰 일기는
좋은 창의력 습관이다

"발견은 모두가 본 것과 아무도 생각하지 않은 것으로 이루어져 있다." 노벨 생리의학상을 받은 알버트 센트-죄르지Albert Szent-Gyorgi의 말이다. 필자는 이 말이 관찰의 중요성에 대한 메시지를 준다고 생각한다.

'관찰'은 사물을 심도 있게 살펴보는 과정을 뜻한다. 이러한 관찰은 곧 창의력의 원천이 된다. 아무리 창의력이 좋은 사람이라고 해도, 아무런 자극 없이 가만히 있는다고 해서 기발한 생각이 돌발적으로 떠오르진 않기 때문이다. 경험하는 현상을 면밀히 관찰하고 깊게 생각할 때, 바로 남들과 다른 창의적 발상도 해낼 수 있다. '보는 눈'이 있어야 남다른 생각도 떠올릴 수 있다는 것이다.

이러한 관찰력을 어려서부터 기를 수 있는 방법 중 하나가 바로 '관찰 일기'이다. 필자는 어릴 적 학교에서 강낭콩을 기르며 관찰 일기를 썼던 기억이 있다. 워낙 호기심이 강했던 까닭에 매일 매일 변화하며 잎새를 틔우고 꽃을 피우는 강낭콩 줄기가 신기하기만 했다. 강낭콩을 놓고 관찰 일기를 쓰는 것은 주로 초등학생들이나 하는 것이지만, 하나의 대상에 대해 꾸준히 글을 써보는 것은 모든 청소년에게 좋은 연습이 된다.

그래서 필자는 비입시 논술 수업에서 꾸준히 관찰 일기를 학생들에게 연습시켜본 적이 있다. 효과는 아주 좋았다. 글을 매주 쓰라고 하면 숙제가 되지만, 아이들에게 '너 스스로 그 대상에 대한 관찰 일기를 완성해봐'라고 하면, 다양한 형식과 내용의 보고서가 쏟아져 나왔다.

특히 개인 코칭을 할 때는 집에서 강아지나 고양이를 키우는 아이라면, 반드시 관찰 일기를 쓰게 했다. 아이들은 자기들이 먼저 즐거워하며 자기 집의 강아지 고양이가 얼마나 예쁘고 똑똑한지 자랑해오기 시작했다. 그렇듯 동물의 성장이나 변화를 바라보는 것은 아이들에게 그 자체로 재미있는 일이기도 하다.

또한 동물의 생태는 분석하고 통찰해볼 것들이 많다. 이런 숙제는 아이들의 거부감도 훨씬 덜하고 아이들이 심지어 숙제라고 생각하지 않는다. 아이들이 키우는 동물의 이름을 선생님이 불러주며 관심을 갖는다면, 아이들은 더욱 신나서 여러 가지 이야기를 적어오기도 한다.

이러한 관찰 일기를 블로그에 올리도록 지도해본 적도 있는데 역시나 자발적 글쓰기 연습의 효과가 컸다. 이렇게 하면 글쓰기뿐 아니라 사진과 영상을 효과적으로 편집해서 생각을 전달하는 능력까지 길러진다. 자기가 아끼는 반려동물의 사진을 찍고 거기에 이야기를 붙이는 것은 숙제 중에서 가장 즐거운 숙제였다.

이렇게 관찰 일기가 좋은 이유 첫 번째는, 자연스럽게 꾸준히 글을 쓰는 동기를 마련해준다는 것이다. 어떤 동물들은 시간이 지나며 꾸준히 관찰해야만 알 수 있는 습성이 있기도 하다. 쑥쑥 자라는 식물을 두고 관찰 일기를 쓰면 얘기할 거리가 많아진다. 그렇듯 누가 시키지 않아도 계속해서 발견하는 점이 있다면 자연스럽게 아이들은 글감을 찾는 것이다.

관찰 일기가 좋은 두 번째 이유는 그렇게 아이들로 하여금 '변화'에 대해 생각하게 하며, 시간을 두고 비교 분석하는 관점을 길러준다는 것이다. 강아지의 변화를 보면서 왜 그렇게 변한 것일까, 어떤 환경적인 요인이 작용했을까, 변하기 전과 후는 어떤 것이 다를까 등등을 자연스럽게 생각하게 되는 것이다. 과거와 현재의 시간 변화에서 비롯되는 이런 기본적인 질문들은 분석 능력과 추론 능력을 길러준다.

마지막으로 관찰 일기의 가장 좋은 점은, 사물과 세상에 대한 호기심을 자연스럽게 길러준다는 것이다. 한 번 봐서는 알 수 없는 특성과 패턴도 대상을 오래 유심히 들여다보면 새롭게 발견하게 된다. 관찰 일기 숙제를 해본 아이들이 깨닫고 자주하는 말은 "계속 관찰하다 보니 모르던 것을 알게 되었어요"이다. 세상 사물과 현상도 깊이 들여다보면 다르게 보인다는 것을 점차 알아가는 것이다.

개인 코칭 수업에서는 관찰 일기 활동을 시키면서 필자도 느낀 점들이 많았다. 아이들의 신선한 시각을 배울 수 있었고, 가끔은 학생들의 통찰에 깜짝 놀랄 때도 있다. 필자도 생각지 못했던 참신함과 어린 나이에만 볼 수 있는 순수한 시각으로 발견한 것들을 접할 때면, 어느새 나이가 들어서 세상을 바라보는 틀이 굳어져버린 자신에 대해 반성의 마음이 들기도 한다.

대학교와 대학원에서 배우는 사회과학 연구의 질적연구방법론 중 일부분은, 우리가 어려서 쓰던 관찰 일기의 발전된 형태라고 할 수 있다. 문화인류학이나 심리학, 커뮤니케이션 연구에는 '참여 관찰'이나 '행동 관찰' 등 다양한 관찰 연구 방법들이 있다. 경영이나 마케팅에서도 현장 조사가 관찰 방법과 연결되어 있다. 즉, 대상을 주기적으로 관찰하고 시간의 변화에 따라 특성을 추론하는 것은 사회과학적 사고 방식의 토대가 된다는 얘기이다.

물론 과학적 연구 방법에는 어린 시절을 관찰 일기처럼 체계없이 쓰는 것은 아니고 나름의 방법과 절차가 있다. 다만 어려서부터 길러온 세심한 관찰력이 사회과학적 사고의 토대가 된다는 것은 많은 학자들이 동의하고 있는 바이다. 그 관찰의 대상이 달라진다면, 예술 분야에서도, 자연과학 분야 등에도 주기적인 관찰과 기록은 중요한 요소가 될 것이다. 대상을 세밀하게 보고 그 특성을 파악하는 것은 새로운 창조물을 만들기 위한 기반 작업이기도 하다.

무엇보다도 관찰 일기의 힘은 관찰의 습관이 차곡차곡 쌓여서 오랜 시간이 지난 후에 나타난다. 아이들이 주변에서 관찰하고 기록한 내용들을 모아서 재조합하고 거기에서 아이디어를 얻을 때 관찰 일기는 진짜 위력을 발휘한다.

KAIST의 배상민 교수는 혁신적인 아이디어와 디자인으로 세계적인 상을 휩쓸며 주목받았는데, 그가 본인의 창의력 습관 중 하나로 공개한 것이 바로 '저널' 쓰기였다. 본인이 학교를 오가며 보았던 풍경이나 주변 사람들의 말, 상점에서 본 물건까지 관찰의 결과로 얻어진 사유들을 오랜 시간 동안 꾸준히 기록해왔다는 것이다. 이것을 배상민 교수는 '저널'이라고 부르는데, 그분만의 일기 방법이라 할 수 있다.

배상민 교수는 그렇듯 관찰하고 메모하는 것이 자신만의 생각을 발견할 수 있는 좋은 방법 중 하나라 소개한다. 영감을 얻고, 사유의 층을 두텁게 하는 비결이라는 것이다. 물론 단순히 기록만 해두는 것으로 영감과 창의성이 찾아오는 것은 아니다. 기록한 내용들을 다시 시간을 두고 반복하며 곱씹었을 때, 자신만의 통찰을 얻게 되었다는 것이다.

이렇듯 주변 사물에 대해 꾸준히 탐구하여 글을 쓰는 과정을 성공의 비결로 꼽는 이들은 역사 속에 많이 있었다. 대표적으로, 자연선택의 진화론을 통해 인류 역사에 큰 영향을 미친 찰스 다윈은 항상 일기장 같은 노트를 갖고 다니며 그날의 생각을 기록했다고 한다. 이 내용은 스티븐 존슨의 책《탁월한 아이디어는 어디서 오는가 Where Good Ideas from》에도 소개되어 있다. 다윈은 자신의 지적 작업과 사적인 일까지 노트에 꾸준히 기록했고, 이 습관을 멈추지 않고 오랜 시간 유지했다. 매번 대단한 글을 쓴 것이 아니라 시시때때로 간략하게만 기록한 것들도 오랜 시간이 쌓여서 큰 힘을 발휘했다는 것이다.

여기서 단지 기록에 그치는 것이 아니라 생각의 조각들을 부품 삼아서 재조합하려는 시도가 중요하다. 서로 연결되지 않는 것들을 연결시킬 때 바로 창의적 아이디어는 나타나기 때문이다. 즉, 관찰과 기록의 힘은, 단순히 그 순간 대상에 대한 감상을 남겨두는 데 있는 것이 아니라, 그렇게 수많은 경험들을 더 깊은 통찰의 밑거름으로 삼을 수 있다는 데 있다.

《관찰의 힘》의 저자 얀 친체이스는 세계 수준의 크리에이티브 디렉터이다. 그는 강연에서 말하기를, 프로젝트 기간의 1/3 이하 정도는 실제 관찰에 소요되고, 나머지는 관찰한 결과를 연결시켜서 의미를 도출하는 데 사용한다고 한다. 여기에 관찰 일기를 교육에 활용하는 의미와 효용이 담겨 있다고 할 수 있다. 즉, 기록하는 데서 그치는 것이 아니라 관찰한 결과와 본인이 배운 지식, 다른 사람의 의견과 관점 등등을 모두 조합시켜서 자신만의 더욱 새로운 통찰을 얻도록 가르칠 수 있는 것이다.

단, 이 경우 분석의 틀이라는 것이 있어야 한다. 막연하게 관찰한 내용들을 뚫어져라 쳐다보고 있는다고 해서 항상 새로운 생각이 떠오르는 것이 아니기 때문이다. 관찰한 현상 안에서 패턴을 발견하고 인과 관계를 추론하는 등 생각하는 연습을 꾸준히 해나가야 한다. 이것은 논술의 '논리' 훈련과 일맥상통한다.

그렇기 때문에 아이들이 쓰는 관찰 일기의 효과를 극대화하기 위해선, 자신이 직접 관찰한 것과 책에서 배운 지식을 연결시키도록 도와주는 지도 방법이 필요하다. 세상의 일이라는 것은 '아는 만큼' 보인다. 어린 아이들은 아직 자신들이 아는 만큼만 볼 수 있고, 자신이 아는 만큼만 해석할 수 있다. 그렇기에 관찰 일기 습관의 목표는, 책에서 배운 지식과 현실에서 관찰한 현상, 이 둘을 연결시키는 것에 두어야 한다.

모든 것에는 단계가 있다. 처음부터 아이들이 세상의 사물을 깊이 있게 유심히 관찰할 수 있는 것은 아니며, 처음부터 그 결과를 조합해서 의미 있는 통찰을 이끌어낼 수 있는 것도 아니다. 처음에는 아마도 눈에 보이고 귀에 들리는 내용만을 적게 될 것이다. 선생님을 만나고 수업을 많이 듣는다고 해서 아이들에게 갑자기 통찰력이 생길 리 만무하다.

하지만 정말 아이들의 미래를 바꿔 놓을 수 있는 창의력 습관은 바로, 그렇게 아무렇지 않은 작은 것들에서 시작될 수 있다. 집 안의 식물이나 동물을 관찰하고, 등하교길을 관찰하는 것에서 시작될 수 있다는 것이다. 시간이 걸리겠지만, 반대로 어느 정도 시간이 흐른 후라면, 그렇게 유심히 관찰하고 기록하는 습관을 가진 아이와 그렇지 않은 아이의 차이는 크게 벌어질 것이다.

소설책이라도 괜찮다

종종 '소설책'에 대한 질문을 받는다. "아이가 소설책만 너무 좋아해서 걱정이에요." 혹은 "아이가 공부는 안 하고 소설책만 읽는데 어떡하죠." 등등의 질문이다. 물론 그 소설이 한국 현대 문학 걸작선이라거나, 세계 문학 전집에 속하는 것들이면 상관없겠으나, 소위 장르 문학이라고 부르는 판타지 소설이나 추리 소설 등이니 걱정일 것이다. 특히나 '공부는 안 하고' 소설책만 읽는다면 엄마 입장에서는 속이 답답할 수밖에 없다.

이러한 질문에 대해 결론만 먼저 간략하게 설명드리면, '괜찮다'이다. 고3만 아니라면 말이다. 물론 검증되지 않은 소설보다 교양서를 읽는 것이 교육적으로 좋겠지만, 현실이 항상 이상적일 수만은 없기 때문이다. 소설책을 읽더라도 책을 아예 읽지 않는 것보다는 훨씬 낫다. 크게 세 가지 이유 때문이다.

첫째는 책 자체를 친숙한 것으로 만들어주는 데 효과가 있다. 서점이나 도서관에 영 가지 않는 아이보다는, 소설책을 찾아서라도 서점과 도서관에 들르는 아이가 낫다. 나중에 심화 학습을 위한 독서가 정말 필요할 시기가 닥쳐도 훨씬 친숙하게 책을 읽을 수 있기 때문이다.

둘째는 소설책이 몰입하는 독서나 주기적인 독서에 대한 습관을 만드는 데 도움이 될 수 있다. 판타지 소설이나 추리 소설은 간헐적으로 읽기보다는 오히려 몰입해서 읽게 되는 책들이다. 한 번 붙잡으면 한 시간이고 두 시간이고 계속해서 보게 된다는 얘기다. 이렇게 몇 시간씩 몰입하는 독서 습관을 만드는 것은 오히려 10분씩 끊어서 문제 풀이 중심으로 공부하는 습관에 비해 장점이 많다.

셋째로, 판타지 소설이나 추리 소설일지언정 어휘력이나 표현력, 읽기 능력 향상에 기여하는 부분이 있다. 물론 주요 문학 서적보다는 못하겠지만, 출판된 책이면 최소한의 문학적 기능은 갖추고 있기 때문이다.

하지만 아이들이 판타지 소설을 읽을 때도 독서 지도는 필요하다. 종종 최소한의 문학적 기능도 없는 '인터넷 소설'들도 있기 때문이다. 지도하는 부모 입장에서 그 정도는 구분해낼 수 있을 것이다. 주로는 장르 문학이라 할지라도 출판사의 규모나 명성에 따라 품질을 따져볼 수 있다. 즉, 판타지 소설이나 추리 소설에도 수준과 급이 있으니, 자녀가 B급 무협지를 읽고 있다면 오히려 '명작' 무협지를 추천해줄 수 있는 멋진 엄마가 되어볼 수도 있지 않을까?

어린 아이들은 이르면 초등학교 고학년 때부터 소설에 관심을 갖게 될 수 있다. 중학생이 되면 장르 문학을 접할 기회는 더 많아진다. 다만 아이가 소설책을 읽게 놔두는 데서 그치지 않고, 그 책을 읽는 습관을 자연스럽게 확장시켜 나갈 수 있도록 하는 데는 엄마의 관심과 노력이 필요한 것이다. 소설책 읽기가 고급 독서로 이어지도록 하게 위기 위해서는 징검다리를 만들어야 한다.

필자가 가르쳤던 학생 중에는 판타지 소설 마니아가 하나 있었다. 남학생이었는데 논술형 인간의 요소를 여러 개 갖추고 있었고, 결국 좋은 대학에 갔다. 물론 모든 아이들이 판타지 소설을 좋아한다고 해서 입시에서 좋은 결과를 낸 것은 아니다. 그런데 그 논술형 인간이었던 판타지 소설 마니아 남학생은, 학업에서도 좋은 결과를 내는 배경에 소설 읽기가 있었다는 점을 발견할 수 있었다.

그 남학생은 두 가지 남다른 특성을 갖고 있었는데, 첫째로 글을 읽는 속도가 아주 빨랐다. 항상 학원 가는 버스에서도 야자 시간에도 책을 붙잡고 있었고, 주변이 어수선한 환경에서도 곧잘 글을 읽곤 했다. 바로 이러한 '빨리 읽기'라도 형성되어 있으면 학습과 평가에 유리한 점이 많다. 다만 글을 너무 대충 읽거나 등등의 나쁜 버릇이 들기도 하는데, 이것을 바로잡아 주기만 하면 곧 학습 능률로 이어진다. 그렇게 습관을 학습법으로 이끄는 것은 필자와 같은 선생님 혹은 코치의 몫이기도 하다.

그 남학생의 둘째 특성은 한 번에 한 시간 이상씩 몰입하는 일에 익숙했다는 것이다. 앞서 밝힌 소설책의 장점 중 하나이기도 하다. 엄마 몰래 밤새 판타지 소설을 읽다가 걸려서 혼난다고 했을 정도이니, 판타지 소설에 대한 열의와 애착이 상당했던 것이다.

만약 독자 어머님들의 자녀들이 이렇게 밤새 책을 읽는다면 어떻게 해야 할까? 읽지 말라고 화를 내기보다는, 눈이 나빠지지 않게 스탠드 켜고 읽으라거나, 피곤하니 우선 잠을 자고 주말에 읽으라고 말해주는 정도가 최선일 것이다.

재미를 위한 독서가 학습으로 넘어가는 단계에서는 특히 자녀의 장단점을 잘 살펴보아야 한다. 앞서 언급한 남학생의 경우, 글을 꼼꼼하게 읽는 부분이 부족했기 때문에 꼼꼼하게 읽는 훈련을 주로 시키고, 논리 구성 위주로 커리큘럼을 적용했다. 읽기 자체는 익숙하지만 분석적으로 보는 관점은 취약했기 때문이었다. 그랬더니 특정 시점부터는 보통 아이들보다도 월등한 학습 성과를 보여줬다.

자녀가 어느새 판타지 소설이나 추리 소설을 읽기 시작한다면, 부모도 자녀가 좋아하는 것들에 많은 관심을 가져야 한다. 장르 문학은 조미료가 잔뜩 들어간 음식과 같다. 그 자체로 계속해서 흥미롭다. 하지만 영양은 한정되어 있다.

그런데 장르 문학 작가들 중에도 인문학적 함의를 담고 있는 작가들이 많이 있다. 이를테면, 추리 소설과 공포 소설로 유명한 애드거 앨런 포의 경우 단순한 대중 작가로 치부되지 않는다. 현대 추리 소설에 중요한 전기를 마련한 사람이며, 후대에 문학적 역량도 인정받았고, 그의 단편선은 국내에서 민음사 세계문학전집 시리즈에 포함되어 있다.

또한 어슐러 K 르귄 같은 작가는 SF작가이지만 사회에 대한 통찰과 문제 의식을 담는 작품을 쓴 것으로 유명하다. 아이작 아시모프는 고전 SF작가로서 새로운 시대에 대한 예측과 인간 본성에 대한 고민을 담았고, 그 상상력과 통찰력을 통해 과학계에 영향을 주었다는 평가도 받는다. 이런 이들은 문학계뿐만 아니라 교양 영역에서도 인정받고 있는 작가들이다.

뿐만 아니라 이문열이 번역한《삼국지》, 조정래의 역사소설《태백산맥》같은 작품들은, 대중 소설과 교양서의 경계에 있다. 언뜻 고리타분할 것 같지만 차분히 읽다 보면 문장력에 흡인되면서, 고민과 통찰도 얻게 된다.

그만큼 어머님의 책에 대한 관심이 중요하다. 적절한 추천과 도서 구매를 통해, 소설을 읽는 과정에서도 엄마들이 전환과 연결 다리를 만들어주어야 한다. 지역 도서관의 추천 도서를 잘 살펴보는 것도 좋은 방법이다. 그리고 인터넷 서점의 리뷰나 평점을 보면, 똑같은 판타지 소설이라도 완성도나 문학적 가치 면에서 좋은 평을 얻는 작품들을 찾아볼 수 있다. 엄마들이 이런 작품들을 틈틈이 찾아보거나 메모해두는 습관은, 바로 아이의 독서 습관이 자라나는 좋은 토양이 될 것이다.

이런 얘기를 하면 만화책에 대해 질문을 주시는 어머님도 계신데, 만화책은 조금 다르다. 언어적 사고 훈련에 그다지 도움이 되지 않기 때문이다. 필자도 어린 시절 만화책을 제법 많이 읽었지만, 만화책은 그저 휴식과 여가의 기능으로 받아들이면 될 것 같다. 종종 사회 문제를 다루거나 지식을 주는 만화도 있지만, 자녀의 모든 활동이 공부에 도움되어야 한다는 강박은 버리는 것이 좋다. 만화책은 여가와 스트레스 해소 측면에서 인정해줄 수 있을 것이다.

재미를 중심으로 책 읽는 습관을 형성하고 나면, 아이들이 자연스럽게 다른 책을 찾아 읽게 된다. 그리고 어떤 책이 되었든 책이 가까이에 있는 것이 이전보다 자연스러운 일이 된다. 그런 단계를 지나면, 아무렇지 않게 아이에게 책을 한 권 '선물'하거나, 아이의 손이 닿는 곳에 책을 두면 된다.

오히려 많은 부모들이 "우리 아이는 책이랑 담 쌓았어요" 하면서 독서 지도에 어려움을 호소하는데, 자녀가 소설에라도 관심을 갖는다면 오히려 고마운 것일 수도 있다. 판타지 소설이나 추리 소설도 부모의 역할에 따라 읽기 습관을 형성하고, 결국 자녀의 다독을 이끌어내는 데 얼마든지 좋은 통로가 될 수 있다.

책을 선별해서 읽는 방법을 가르쳐라

책을 아예 읽지 않는 사람보다 더욱 위험한 사람은, 오직 한 권의 책만 읽은 사람이다. 조금 과장해보자면 그런 사람은 그 한 권의 책이 세상 지식의 전부이며, 그것이 진리라고 믿어버릴 수 있기 때문이다. 특히 어린 아이들의 경우 자신이 처음 접한 몇 권의 책에 과도하게 매료되어버리는 것은 흔한 일이다. 가장 처음 읽은 감명 깊은 소설이 자신에게 최고의 소설이 되어버리거나, 선생님이 추천해주었던 책 한 권이 자신의 인생에 가장 큰 영향을 준 책이라고 얘기하게 되는 것이다.

초등학교만 졸업해도 '가장 좋았던 책'이 무엇인지 쉽게 대답할 수 있지만, '얼마나 여러 권 중에서 그 책이 가장 좋았던 거니'라는 질문에는 어쩐지 아이들이 쉽게 입을 열지 못한다. 그리고 여러 권의 책 중에서 어린 아이들이 가장 좋아하는 책은 보통 '그림이 많은 책'이거나 '재미있는 책'이다. 이것이 아주 현실적인 반응이다.

여담이지만 논술 수업을 하면서, 아무리 공부를 잘하는 학생이건 못하는 학생이건 자기 인생 최고의 책으로 '해리포터'를 드는 경우를 많이 보았다. 가장 감명 깊었거나 자신에게 가장 큰 영향을 준 책을 물어볼 때마다 자주 등장하는 이름이다. 그 놈의 해리포터라는 말이 저절로 나온다. "선생님, 진짜 해리포터에는 인생이 담겨 있어요."라는 얘기에 "그래, 원래 모든 성장 소설은 감동적인 거야."라고 대답하곤 했다. 꼭 해리포터가 좋거나 나쁘다는 것이 아니라, 한창 해리포터 열풍이 불 때 성장기를 보낸 아이들은, 태어나서 그렇게 열심히 읽어본 책이 거의 해리포터 시리즈 밖에 없으니 벌어지는 현상이다.

해리포터가 아니라고 해도 대부분 아이들이 감명 깊게 읽은 책은 청소년 추천 도서나 교과 교육과 관련된 책들의 범주를 벗어나지 못한다. 청소년 추천 도서가 나쁜 것이 결코 아니다. 오히려 청소년 추천 도서를 성실하게 읽는 것은 중요하다.

하지만 필자가 얘기하고 싶은 점은, 보통 아이들과 논술형 인간인 아이들의 가장 큰 차이 중 하나가 '어떤 책'을 읽어왔는지에 있다는 것이다. 보통 아이들의 독서 범주는 청소년 추천 도서를 벗어나지 못하지만, 논술형 인간에 속하는 아이들 중 상당수는 그 이상의 독서 습관을 갖고 있었다는 것이다. 무엇보다 책을 고르는 데 자기 관점이 있었다.

추천 도서라는 틀에서 벗어나려면, 수많은 지식의 범람과 활자의 홍수 속에서 자기가 원하는 것을 찾으려는 태도와 습관을 아이들에게 길러주어야 한다. 인터넷 글도 가려서 보고 책들도 골라서 보는 습관, 그렇게 아이들에게 책을 선별하는 방법을 안내해야 한다.

책을 선별하는 방법을 가르쳐준다는 것은 세 가지 의미를 갖고 있다. 음식과 입맛에 비유하면 쉽다. 첫 번째는 아이들의 '취향과 기호'를 찾아준다는 것이다. 아이들은 음식에 대해선 이미 각자의 입맛을 갖고 있다. 어떤 음식을 자기가 좋아하는지 아닌지, 그래서 새 음식을 보더라도 자신이 좋아할지 아닐지 대충 안다.

하지만 책과 지식에 대해선 그렇지 못하다. 자신이 무엇을 더 좋아하는지 탐색하는 과정을 거쳐보지 못한 경우가 대부분이다. 그렇게 자기가 좋아하는 것을 찾기 위한 탐색의 과정이 필요하다.

두 번째는 어떤 것이 아이들의 '건강에 더욱 좋은지' 알려준다는 것이다. 아이들은 음식에 대해선 어떤 것이 건강한 것인지도 쉽게 아는 반면에, 책에 대해선 그렇지 못하다. 어떤 음식이 좋은지 아는 것은 꼭 모두 먹어봐서 안다기보다는 '배워서' 아는 것이다. 그러니 지식에 대해서도 어떤 지식이 건강한 것인지 배우고 알아가는 과정이 필요하다.

지식은 모두 이롭고, 그러므로 공부는 무엇이든 하기만 하면 좋다는 얘기는 21세기에는 통하지 않는다. 왜곡되거나 정치적으로 곡해된 지식도 많다. 배우고 있는 것이 시간 낭비인 내용들도 있게 마련이다. 지식이 범람하는 만큼 더 좋은 것을 걸러 읽어야 하며, 시간 들이기 아까울 정도로 영양가 없는 것들은 피해야 한다.

셋째는 스스로 직접 선택하게 해준다는 것이다. 단편적인 지식을 한 조각 섭취하더라도, 누군가 떠먹여주는 것보다는 자신이 직접 찾아서 공부하는 것이 흡수가 잘 된다. 그것이 지식의 속성이다. 자기가 읽을 책도 스스로 선택하게 함으로써 자발성을 갖고 동기부여를 얻도록 하는 것이다. 선별하는 방법을 익힌다는 것은 곧 자기가 직접 선택할 기회를 갖게 된다는 것과 같다.

먼저 아이들의 취향과 기호를 찾아주기 위해서는 서점과 도서관에 아이들을 자주 데리고 다녀야 한다. 필자가 이 책의 다른 장 '도서관은 좋은 놀이터'에서 언급했듯이 어린 나이일수록 도서관은 '놀러' 가는 곳이어야 한다. "책 좀 읽어라"고 잔소리하듯 말하는 것이 아니라 아이와 함께 주말에 '도서관에 놀러 가자'고 얘기하는 것, 여기에서 아이의 기호 찾아주기가 시작된다. 서점에서도 마찬가지다. 책의 제목, 서문, 목차 등을 훑어 본다고 해서 그걸 가로막는 직원은 없다. 이렇게 저렇게 책을 '구경'해보며 재미있는 책을 찾아 나가는 것이다.

취향을 찾는 단계에선 어머님들도 추천 도서나 베스트셀러로 기울기보다는 아이들에게 '키워드' 중심으로 접근하는 것이 좋다. 한 예로 필자가 만났던 학생 중에선 문과 학생임에도 '생물' 과목에 지대한 관심이 있는 친구가 있었다. 물론 글도 잘 썼다. 얘기를 들어보니 어린 시절부터 환경이나 생물에 대한 책을 읽던 것이 남아 있어서 해당 분야에 대한 흥미로 발전한 것이었다.

이렇게 역사면 역사, 철학이면 철학, 혹은 환경, 물리, 경제, 발명 등 특정 키워드를 차례차례 탐색해보는 것이 좋다. 그러다가 아이가 특정 키워드에 좀 더 관심을 보인다면 그와 관련된 더 많은 책을 볼 수 있도록 사주고, 지도해 나가는 것이다.

흥미 찾기는 정말 중요하다. 흥미야말로 몰입 독서의 시작이기 때문이다. 아이가 설령 역사 책에 빠진다고 해도 너무 역사만 편식하게 되는 것이 아닐까 걱정할 필요는 없다. 한 가지 주제에 대한 책만 10년, 20년 보는 아이는 없기 때문이다.

오히려 한 분야에 깊은 관심을 가져본 적 있는 아이들이 다른 분야도 깊게 들어갈 수 있다. 중요한 것은 '책을 스스로 찾아 읽는 습관'을 만들어주는 것이다. 그렇게 흥미 있는 것에서 시작하면, 조금씩만 이끌어주어도 금세 다른 분야로 관심이 확장될 수 있다.

또 지식에 대한 취향과 기호를 찾아주는 과정에서는 아이가 꼭 한 번에 한 권의 책만 읽어야 한다고 생각할 필요가 없다. 많은 어머님들이 독서 습관에서 간과하는 것인데, 책은 한 번에 한 권만 읽을 필요가 없다. 아침에는 역사 책을 읽고, 점심에는 경제 책을 읽고, 저녁에는 교양과학 책을 읽는다면, 하루 종일 역사 책만 읽는 것보다 이게 훨씬 이상적인 일 아니겠는가.

그런데 종종 꼭 한 권을 끝까지 다 읽어야만 다른 책을 읽을 수 있다고 생각하는 부모님들이 있다. 아이가 새로운 책을 사달라고 하면 "너 저번에 산 그 책도 다 안 읽었잖아"라고 다그친다. 물론 하나를 제대로 완결하는 습관을 들이는 것도 중요하지만, 개인적으로 필자만 해도 일주일에 서너 권을 돌아가며 읽는 경우가 많다. 어려운 한 권의 책을 한 달에 걸쳐 천천히 읽는 동안, 쉬운 책 여러 권을 함께 읽는 경우도 있다.

즉, 한 권을 완전히 다 읽어야만 다음 책을 읽을 수 있다라고 하는 것은 아이들의 좋은 독서 습관 형성에 크게 도움이 되지 않는다. 아이들이 너무 1장만 읽고 책을 내팽겨치길 반복한다면 그것은 그것대로 지도해야 하지만, 기본적으로는 흥미와 취향을 찾는 데는 여러 권을 동시에 건드려보는 '탐색적 독서'가 더욱 도움이 된다. 오히려 동시에 여러 권을 던져주면, 먼저 읽어버리는 책과 끝내 손이 안 가는 책들이 쉽게 구분된다. 그 사이에서 아이들은 자기가 '좋아하는 것'을 찾아가는 것이다.

필자는 독서 습관 형성을 현실적으로 바라본다. 이를테면 도서관에서 한 번에 다섯 권의 책을 빌린다면, 그중에 서너 권은 다 읽지도 못하고 기한이 되어 반납해야 하는 것은 너무 자연스러운 일이다. 도서관에서 한 번에 여러 권을 빌려서 그걸 완독하고 반납하는 아이는 드물다. 여러 권을 대충 읽고 반납하더라도, 그중에서 끝까지 제대로 읽는 책 한 권만 발견해도 성공이다. 그러면 그 책에 대해 왜 흥미로웠는지를 묻고, 아이가 자신이 좋아하는 책을 읽는 것을 격려해주면서, 이런 식으로 독서 습관을 형성해 나가는 것이다.

이렇게 책에 대한 아이들의 기호와 취향을 형성했다면, 다음은 어떤 책이 아이들에게 더욱 건강한지 알아가는 과정이 필요하다. 이것은 부모님들도 긴가민가 하는 경우가 있다. 좋은 책이란 무엇일까? 저명한 학자가 쓴 책이 좋은 책일까? 많이 팔린 베스트셀러가 좋은 책일까? 정말 아이들의 사고력 향상과 지식 함양에 좋은 책은 어떤 책일까? 정답이 있는 것은 아니지만, 우리는 몇 개의 가늠자를 마련할 수 있다.

우선 베스트셀러가 꼭 좋은 책은 아니라는 점을 얘기하고 싶다. 종종 서점의 베스트셀러 코너에 가면 한숨을 쉬게 되는 경우가 있다. 수십 만 권이 팔린 인문학 서적이라고 하지만 여러 오류를 포함하고 있으면서 '인문학 고전 독서는 좋은 것이다'라는 내용만 막연하게 담고 있는 경우도 있다. 마케팅과 사회적 분위기에 힘 입어 에세이 부문의 베스트셀러가 되었지만, 청소년의 삶에 별다른 조언이 되지 않을 법한 책도 있다. 오히려 그런 책들이 베스트셀러라는 이름을 달고 나와서, 아이들에게 '중요한 책'처럼 읽히면 어떡하나 걱정이 될 정도다.

역시나 음식에 비유하면 쉽다. 번화가에 있는 가게에서 줄을 서서 먹는 유명한 메뉴라고 해서, 꼭 건강에 좋은 음식이라는 법은 없지 않은가. 물론 그중에는 맛도 좋고, 건강에도 좋은 음식도 있겠지만, '유명한 음식'이 '몸에 좋은 음식'과 같은 의미인 것은 아니다. 책도 마찬가지라고 생각하면 된다. 유명하고 많이 팔린 책이 꼭 아이들의 사고력 향상과 지식 함양에 좋은 책은 아니다.

오히려 서점의 스테디셀러 코너에는 건강에도 좋은 책이 많이 있다. 스테디셀러는 말 그대로 오랜 시간 꾸준히 팔려 온 책을 뜻한다. 필자의 개인적인 견해이지만 어머님들에게, 베스트셀러는 못 읽혀도 스테디셀러는 꼭 찾아 읽히라고 얘기한다. 그것도 출판된 지 20년은 된 책들 말이다. 유행과 사회 분위기를 가리지 않고 오랫동안 팔린 책이라는 의미는, 좀 더 인간 사회의 본질에 대한 얘기이거나, 시간이 지나도 의미 있는 지식에 대한 것일 가능성이 높기 때문이다.

다만 스테디셀러를 볼 때 주의할 점 하나는, 해외서적의 경우 번역자나 출판사에 따라 편차가 있을 수 있다는 점이다. 같은 책을 시간을 두고 서로 다른 출판사에서 내는 경우가 많은데, 이때는 어떤 출판사의 서적이 좋은지 인터넷에서 검색해보는 정도의 수고는 필요할 것이다.

어떤 책이 건강에 좋은 책인지 알아가는 방법은, 크게 '여러 개 비교하기'와 '다른 사람의 평가 참고하기'라고 할 수 있다. 간단하게 생각해보아도 책 한 권을 놓고 보았을 때, 그 책이 얼마나 좋은 책인지 한 번에 판단하기는 쉽지 않다. 하지만 기준점이 있거나 비교 대상이 생기면 쉬워진다. 필자는 종종 개인 지도하는 학생과 서점에 가는 경우도 있는데, 책을 선물로 사주기 전에 꼭 비슷한 분야에서 책 3권을 골라보라고 한다. 그리고 다시 그 3권 중에서 가장 좋아 보이는 책을 선택하라고 한다.

이렇게 하면 책을 한 권만 볼 때와 달리, 아이들에게도 자연스럽게 비교하고 분석하는 태도가 생긴다. 3권을 놓고 보면서, 저자의 약력을 보고, 서문을 보고, 목차를 보고, 앞부분 1~2장 정도를 보며 문장과 표현을 보고, 서로 비교할 수 있도록 지도해주는 일이 필요하다. 그러면 답을 주지 않아도 보통 아이들도 어떤 책이 건강한 책이고 더 좋은 책인지 스스로 알게 된다. 아이들이 그렇게 비교하고 생각해서 고르는 책은, 결과적으로 필자가 보기에 좋다고 생각했던 것과 거의 일치한다.

이렇게 책을 항상 한 권만 보는 것이 아니라, 서로 비교해가며 선별하는 습관은 장기적으로 중요하다. 시간이 지나면 아이들 스스로 여러 개의 기준을 갖게 된다. 갖고 다니면서 가볍게 읽기에 좋은 책, 어떤 분야에 대해 깊이 이해하기에 좋은 책, 학교 공부에도 도움이 될 것 같은 책, 이렇게 읽는 책의 정체성을 구분할 수 있게 된다. 이런 시각을 얻기 위해서는 어려서부터 여러 책을 비교 분석하며 선별해보는 습관을 들이는 것이 좋다.

그리고 또 필요한 것은 다른 사람의 평가를 참고하는 방법이다. 요즘은 인터넷에서 특정 책의 서평이나 리뷰를 쉽게 찾아볼 수 있다. 그 또한 단 몇 사람의 평가를 일방적으로 받아들이기보다는 여러 평가를 읽고 비교해가며 판단해야 한다. 서평을 쓴 사람에 대한 신뢰도 또한 따져 보아야 할 부분이다. 만약 인터넷 블로거나 유명인의 추천 도서 중에서 마음에 든 것이 있다면, 같은 사람이 추천해준 다른 책들을 따라 가보는 것도 새 책을 발견하기 위한 방법이다. 단 요즘은 마케팅의 일환으로 진행된 서평 이벤트에 참여하기 위해 작성된 글들도 블로그 등을 통해 많이 돌아다니니 주의해서 봐야 할 부분이 있다.

다른 사람의 서평뿐만 아니라 여러 도서관의 추천 도서나 기관에서 나오는 추천 도서 목록을 참고하는 것도 좋다. 이 글의 서두에서 얘기했듯이 막연하게 추천 도서의 틀에 갇히지 않는 것도 중요하지만, 앞서 얘기한 내용들을 모두 숙지했다면, 이제 추천 도서 목록을 능동적으로 활용해볼 수 있을 것이다. 특히 도서관 사서들의 추천 도서는 사서의 의견이 덧붙여져 있는 경우가 많다. 이는 기관에서 선정하는 권장 도서 등과는 조금 다른 부분이 있다. 사서들은 책에 대한 전문가들이고 단지 좋은 책을 추천해주는 것이 아니라 방향과 목적을 담아 추천의 글을 덧붙이는 경우가 많다. 이런 내용을 읽고 구체적으로 참고하여, 좋은 책을 찾아 나가는 것이다.

필자는 주변 지인이나 친구들에게도 책 추천을 많이 받는다. 아이들에게도 그러한 '책 친구'를 만들어두는 것이 필요하다고 얘기한다. 자신도 한참의 선별 과정을 통해 발견한 좋은 책이 있다면 친구에게 추천해주고, 또 주변의 '책 친구'에게 좋은 책을 추천받고 하면, 서로 좋은 책을 찾는 데 쓰는 시간을 훨씬 줄일 수 있기 때문이다.

게다가 가까운 사람끼리 서로 책을 추천해주다 보면, 자연스럽게 책에 대한 감상을 공유하거나 내용에 대해 토론해볼 일도 생긴다. 그래서 그룹 수업을 할 때는 아이들에게 서로 책을 골라서 추천해주는 활동을 시키기도 한다. 이렇듯 '책 친구'를 평생 갖고 가는 것은 무척 좋은 일이다. '책 친구'를 만들어두라고 얘기하는 것은 어쩌면 수많은 학습 지도보다 훨씬 효과가 좋을 수도 있다.

마지막으로 독서 지도를 하는 엄마들에게 중요한 것 한 가지는, '책 한 권을 고르더라도 아이 스스로 고르도록 해야 한다'는 점을 잊지 않는 것이다. 똑같은 책이라도 엄마가 권장 도서에서 찾아서 읽으라고 들이미는 것과, 아이가 찾고 또 찾고 고민해서 선택한 책을 읽는 것은, 동기부여 면에서 큰 차이가 있다.

당연히 아이들은 자기가 고민해서 선택한 책을 더 애착을 갖고 읽게 된다. 책을 고르고 선별해서 읽는 것은 의미 있는 일인데, 또한 그 자체로 '재미있는 일'이기도 하다. 백화점에 나가서 물건을 고를 때도 쇼핑 자체의 재미가 있듯이, 책을 고르는 것도 재미있는 일이 될 수 있음을 아이들에게 일깨워줘야 한다.

◈ 2장 요약 ◈

글쓰기, 숙제가 아니라 놀이여야 한다

- 책읽기도 글쓰기도 재미에서 시작해야 한다. 놀이는 모두 공부가 아니고, 공부는 모두 놀이가 아니라는 엄마의 생각부터 버려야 한다.
- 놀이의 특성은 자발성, 무목적성, 자유로움이지만 '규칙'이 없는 것은 아니다. 술래잡기에도 규칙이 있듯이 자녀에 맞는 놀이 규칙을 만들어갈 수 있다.
- 영화를 보고 나오며 자연스럽게 인상적인 장면을 꼽아보고 대화하는 것처럼, 공감 반응을 해주며 기행문이나 독후감 쓰기를 즐겁게 해주자.

완결도 습관이다

- 아이들이 끝까지 끈기 있게 과제를 해내지 못하는 이유는 '적절한 과제'가 주어지지 못했기 때문이다.
- 어떤 학습이든 시간이 길어지면 능률이 떨어진다는 능률 곡선을 이해하고, 아이가 만족감과 성취감을 느낄 수 있는 작은 목표에서 시작해야 한다.
- 아이가 '끝까지 했다'라는 기분을 반복해서 갖는 것이 '진도 따라가기' 하는 것보다 훨씬 중요하다, 완결도 습관이다.

'찾아보는 공부'의 힘

- 똑같은 지식이라도 사전, 출판 교재, 백서, 교양서 등을 통해 아이가 직접 '찾아보도록' 하는 것이 훨씬 습득 효과가 좋다.
- 최신 지식을 접하는 데는 인터넷 검색도 좋지만, 한 분야의 전후 내용 흐름을 이해하기 위해서는 단행본 도서를 활용하는 것이 좋다.

신문 활용 교육? 이제는 뉴미디어 활용 교육!

- 인터넷 검색 결과도 플랫폼에 따라 큰 차이가 있다. 아이들이 네이버 지식인을 벗어나서 영문 위키피디아 활용까지 갈 수 있도록 지도해주어야 한다.
- 정보의 출처와 신뢰도 확인 방법, 저작권 침해 관련 교육 등 디지털 정보도 성숙하게 이용할 수 있도록 지도하자.
- 아이들이 직접 콘텐츠 생산자로서 유튜브 채널이나 블로그, 홈페이지 등을 운영하는 것을 권장하되, 무분별하게 업로드하지 않도록 내용을 구성하고 기획하는 방법을 가르치자.

관찰 일기는 좋은 창의력 습관이다

- 집에서 키우는 동식물은 관찰 일기의 좋은 소재이며, 자연스럽게 꾸준히 글을 쓰게 하는 동기가 된다(숙제가 아니라 놀이여야 한다!).
- 관찰과 기록에서 그치지 않고, 본인이 기록한 것에서 얻은 '왜'라는 궁금증과 호기심을 교과 학습과 연결시켜주자.

소설책이라도 괜찮다

- 장르 문학 소설책도 몰입적 독서 습관이나 표현력 향상에 도움이 된다.
- 판타지, SF, 추리 소설이라도 세계문학전집에 포함되는 추천도서가 있고, 양산형 B급 소설이 있다. 자녀가 그런 데에 관심을 갖는다면 엄마가 먼저 찾아보고 공부해야 한다.
- '읽어라' 혹은 '읽지 마라'고 말하지 말고, 자녀가 관심 있어 하는 장르에서 더 좋은 책을 자연스럽게 '선물'하자.

책을 선별해서 읽는 방법을 가르쳐라

- 흥미와 취향을 찾는 단계에서는, 완독하지 못하더라도 여러 권을 조금씩 건드려보는 '탐색적 독서'도 괜찮다.
- 도서관의 사서 추천, 스테디셀러 목록 등으로 지도를 시작하지만, 결국은 자녀가 스스로 책의 저자 약력, 서문, 목차를 보고 더 좋은 책이 무엇인지 '비교하며' 고르는 기준을 갖도록 해주어야 한다.
- 타인에게 추천하는 책을 물어보는 습관을 들이게 하고, 친구에게 책을 선물하게 해서, 서로 좋은 자극을 주고 받을 수 있는 '책 친구'를 만들 수 있도록 지도하자.

3

논술형 인간

작은 차이가 큰 차이를 만든다

도서관은 좋은 놀이터이다

필자는 종종 휴일에 도서관에 '놀러' 간다. 도서관에 '놀러' 가는 것은 제법 어려서부터 갖고 있던 습관이다. 진지하게 몰입해서 책을 읽기보다는 책의 제목들을, 표지들을 그리고 목차를 천천히 구경한다. 종합열람실에서는 가끔 이렇게 책을 구경하는 것만으로도 영감을 얻을 때가 있다.

어렸을 적 새로운 동네로 이사 갔을 때 가장 먼저 했던 일은 도서관을 찾는 일이었다. 늘 심심함을 지적 호기심으로 풀던 어린 시절의 필자에게 도서관은 꼭 필요한 곳이었다. 대학생 때는 서울 삼청동의 정독 도서관 정원에서 데이트를 하기도 했고, 지금도 지방에 강연이 있어서 방문하더라도 오가는 길에 도서관이 있다면 한 번씩 '들러' 본다.

특히 공립 도서관은 책 구경하면서 쉬고 노는 곳에 가깝다. 대학의 중앙 도서관과는 조금 다르다. 아마 주말에 도서관에 방문한 필자를 보면 다 큰 어른치고는 진지하지 못하다거나 산만하게 보일 수도 있다. 뷔페에서 음식을 한 점씩만 집어 먹어보듯, 여러 책을 슬쩍 열어보기만 하고 계속 돌아다니기 때문이다.

앞서 얘기했듯이 제목만 보며 책을 둘러보다가, 재미있어 보이는 부분만 한 꼭지 읽고는 덮어두기를 반복한다. 이런 과정이 곧 놀이인 것이다. 꼭 진지하게 무언가 공부해야 한다는 심리적 부담 같은 것은 전혀 없다. 전후 과정은 모두 즐겁기만 한 일이다.

대부분 일반인들이 지식으로부터 멀어지는 이유는 책을 '읽어야 한다'는 일종의 강박이나 부담 때문이 아닐까 한다. 많은 사람들이 그런 부담감에서 해방되어 책 구경을 놀이처럼 여긴다면, 오히려 책을 읽을 계기가 더 많아지지 않을까.

특히 아이들을 지도할 때, 어린 시절의 독서는 학습보다 오락에 가까워야 한다. 지도하는 사람에 따라 도서관은 자연스럽게 좋은 놀이터가 될 수 있다. 여기서 어린 시절이라고 하면 동화책을 읽는 유아 수준이 아니라, 초등학교 고학년까지 해당한다. 많게는 중학교 1, 2학년까지도 오락적 독서 위주로 지도하길 필자는 추천한다.

중요한 것은 지금 당장 아이가 한두 개의 지식을 더 익히는 것이 아니라, 평생 가져 갈 '책 읽는 습관'을 들이는 것이기 때문이다. 논술형 인간의 가장 큰 특징 중 하나는 책과 친하다는 것이다. 책과 '친한' 아이는 그저 책을 많이 읽는 모범생과 다르다. 필자가 다른 장에서 '소설책 읽는 것을 금지하지 마라'라고 얘기한 것도 같은 맥락이다. 재미를 추구하는 것은 독서 습관으로 가는 괜찮은 통로이다. 흥미 위주의 책을 좋아하는 아이들이 가끔 어려운 교양 서적을 접하는 것은 그나마 가능한 일이지만, 평소에 책을 열어보지도 않는 아이가 어느 날 갑자기 어려운 책을 읽어낼 수 있을 리 만무하기 때문이다.

그럼 부모 입장에서 어떻게 아이가 도서관을 놀이터로 만들 수 있도록 지도할 수 있을까. 이 점에서라면 아직 자녀가 어린 부모일수록 훨씬 유리하다. 방법은 간단하다. 그저 도서관의 어린이 열람실에 아이들을 데려다 두는 것이다. 각 도서관의 어린이 열람실 중에는 정말로 아이들이 갖고 놀 수 있는 교구를 갖추고 있는 곳도 있다. 어린이 열람실은 유소년용 책들을 많이 갖추고 있어서, 그림이 많고, 글이 길지 않은 가벼운 책들도 많다. 그리고 도서관 열람실에 있는 책은 사서들이 관리하는 책이기 때문에, 터무니없는 불량 식품 같은 도서는 거의 없다고 할 수 있다.

이미 자녀가 초등학교 고학년이거나 중학생 이상이라면 엄마가 함께 '책 읽는 사람'이 되어 보는 것도 중요한 경험이다. 아이와 함께 종합 열람실에 가보는 것이다. 초등학교 고학년 정도 되어서 어린이 열람실을 졸업할 나이가 되면 이제 종합 열람실에 다니게 된다. 종합 열람실은 청소년 이후의 모든 세대가 방문하는 곳이다. 필자도 처음 종합 열람실에서 책을 빌리던 시절에, 왠지 괜히 어른이 된 것 같은 기분에 사로잡혔던 것을 기억하고 있다. 역시나 중학생 이상의 나이가 되면 엄마와 함께하기보다는 친구들과 더 많이 놀고 싶어지는데, 꼭 엄마가 같이 가지 않더라도 다양한 방법으로 아이들이 도서관에 방문하도록 유도할 수 있다.

첫 번째로 우선은 대출증 ID를 등록하게 하거나 도서관 행사에 참석시키면서 도서관에 대한 마음의 문턱을 넘게 해야 한다. 그 후에 엄마가 읽고 싶은 책이 있으니 좀 빌려다 달라고 하면서 도서관에 보낸다든가, 친구들과 도서관에 가서 놀면서 군것질도 하라고 용돈을 쥐어 보낸다든가, 아이가 스스로 가지 않는다면 함께 들러서 엄마가 책을 빌리며 '너도 읽고 싶은 책이 있으면 같이 빌리자'라고 한다든가, 여러 가지 방법으로 계기를 만들 수 있을 것이다. 여기서도 중요한 점은 시간이 좀 걸리더라도 아이의 선택에 맡겨야 한다는 것이다.

책을 빌려 놓고 읽지 않는다고 해도 나무랄 필요도 없다. 원래 도서관에서 빌린 책 중의 상당수는 다 읽지 못하고 반납하는 것이다. 반납 기한을 얼마 남겨놓고 겨우 다 읽게 되는 것도 자연스러운 일이다. 하지만 책을 대출하여 읽는다는 것은 그만큼 최소한의 독서를 이끌어내는 효과가 있다.

오히려 책을 구매하는 경우라면 '언젠가 읽어야지' 하고 덮어두고 시간이 한참 지나도 제대로 열어보지 않는 경우도 있지만, 책을 빌려 오면 반납해야 할 기한이 있기 때문에 조금이라도 더 읽게 된다. 기한에 쫓겨 읽었던 책들도 결국은 지식이 되고 도움이 되기 때문이다. 다만 책 읽기를 숙제처럼 만들기보다는 '아까우니까 열어나 보자'는 식으로 천연덕스럽게 접근해야 한다.

물론 필자가 '완결도 습관이다'에서 얘기했듯이 무엇이든 끝까지 가보는 것은 중요한 연습이고 훈련이므로, 책의 수준을 낮추거나 조금 가벼운 책을 선정하더라도 아이들에게 완독의 기쁨과 뿌듯함을 주는 것은 중요하다. 책 구경과 놀이는 결국 나에게 맞는 더 좋은 책을 찾는 과정이다. 언젠가 한 번은 한 권의 책을 끝까지 읽을 계기가 있어야 하지만, 서두를 필요는 없다.

필자가 논술형 엄마들은 아이의 독서 지도를 어떻게 했을까 궁금하여 상담 때마다 넌지시 물어보니, 역시 공통점이 분명했다. 아이가 책을 읽도록 '일부러' 시키지 않는다는 것과, 다만 책에 최대한 많이 노출될 수 있는 환경을 만들어준다는 것이다. 단지 책에 노출될 수 있는 환경에 아이들을 둔다는 것 자체가 장기적 효과가 있다는 것은 사회과학적 연구를 통해서도 제안된 적이 있다.

현실의 도서관 얘기를 조금만 더 해보자면, 사실 도서관에는 책만 있는 것이 아니다. 시청각 프로그램을 통해 DVD 상영을 하기도 하고, 특별 강연, 독서 모임이나 커뮤니티 활동도 있다. 그런 활동에 참여해보는 것도 도서관이라는 공간이나 책과 친해지는 계기가 될 것이다.

필자가 '책을 선별하여 읽는 방법을 가르쳐라'에서도 얘기했지만, 도서관이 좋은 놀이터가 된 이후에도 논술형 엄마의 역할이 끝나는 것은 아니다. 흥미 키워드를 발견해주고, 그 안에서 아이들의 취향을 찾아주고, 자료를 선별하는 방법과, 그것을 정리하여 자기 것으로 만드는 과정까지, 생활 속에 담긴 논술 지도는 오랜 시간과 여러 단계가 필요하다.

시간이 지나면 도서관을 좋아하는 아이는, 다른 아이들이 인터넷 검색만으로 숙제를 할 때, 직접 심도 있는 책을 찾아보고 차별화하는 아이가 되어 있을 것이다. 그런 때를 생각하며 한 번 자녀와 도서관에 가보는 것은 어떨까?

물리학자 알버트 아인슈타인은 이런 말을 남겼다.

"The only thing that you absolutely have to know, is the location of the library."

'절대적으로 당신이 알아야만 하는 것 한 가지는, 바로 도서관의 위치이다'라는 말이다. 맹모삼천지교는 특별한 이야기가 아니다. 아이를 데리고 주말에 '놀러' 가는 것에서부터 교육이 시작되기 때문이다.

'좋은 질문'을 칭찬해주어야 한다

학생의 질문하는 태도는 그 학생에 대해 많은 것을 알려준다. 질문은 단지 모르는 것을 물어보는 과정이기도 하지만, 때로는 좀 더 복합적인 이유를 갖고 있다. 이를테면 학생들은 자신의 생각에 대한 '의견을 듣고 싶을 때'에도 질문을 한다. 자신의 생각이 맞는 방향인지, 자신의 관점은 어떻게 바라볼 수 있는지 확인받고 싶은 것이다. 그리고 선생님 의견에 '다른 의견'을 표명하고 싶거나 '문제 제기'를 하고 싶을 때 질문을 하기도 한다.

심지어 아이들을 가르치다 보면 '이렇게 쓰면 왜 안 되나요? 왜 꼭 그렇게 해야만 해요?' 같이 약간은 따져 묻는 듯한 도발적인 질문이 나올 때도 있다. 그런 질문을 접할 때면 필자는 속으로 즐거워한다. 고지식하고 권위적인 선생님 같으면 '어린 녀석이 그렇게 따져 묻듯이 토를 달아?!' 하고 생각할 수도 있지만, 필자는 그런 질문에 더 즐겁게 응하게 된다. 왜냐하면 아이들의 자기 생각이 또렷할 때 나오는 반응이기 때문이다. 그런 질문에서 시작되는 소통은 좋은 교육의 통로가 된다.

논술형 인간인 아이들은 성격과 수준에 상관없이 대부분 '질문하기'를 잘하는 아이들이었다. 성격이 다르기 때문에 질문하는 방식은 다르지만, 모두들 질문 자체에 적극적이었다. 이를테면 외향적인 아이들은 수업 시간에 손을 번쩍 들고 질문한다.

반면에 내향적인 아이들은 수업이 끝나고 나서 노트를 들고 조용히 교무실로 찾아온다. 꼭 적극적인 성격이라고 해서 질문을 좋아하고, 내향적인 성격이라고 질문하길 꺼려하는 것은 아니라는 얘기다. 그 질문의 상황과 방식이 다를 뿐, 자신이 원하는 것을 알고자 하는 태도는 모두 비슷했다.

그야말로 입시 논술에서라면 아이들의 합격을 점치는 지표이며, 그 아이가 얼마나 논술형 인간의 덕목을 갖추고 있는지 쉽게 알아볼 수 있는 지표가 바로 '질문하는 모습'이었다.

질문하는 힘의 중요성은 논술 교육에서 아무리 강조해도 지나치지 않다. 질문을 통해 문제 제기를 던질 수 있고, 논제를 더 깊게 탐구할 수 있는 계기도 만들 수 있기 때문이다. 또 아이들은 질문하는 과정에서 자신의 생각을 구체화하며, 질문을 통해서 자연스럽게 의견을 교환한다.

아이들에게 이러한 '질문하는 태도'를 길러주기 위해서는 적절한 칭찬의 기술이 필요하다. 질문하는 태도를 칭찬해주고, 좋은 질문이 나올 때마다 칭찬해주는 것이다. 많은 교육서나 자녀 발달에 대한 서적들이 칭찬의 힘과 효용에 대해 설명한다. 말 몇 마디로 아이들의 행동을 변화시킬 수 있기 때문이다.

그런데 부모들이 칭찬의 기술을 발휘할 때 주의해야 할 점들도 있다. 칭찬은 아이들을 변화시키는 힘이 있지만, 그만큼 잘 사용해야만 하는 도구이다. 왜냐하면 과도한 칭찬은 아이들을 현실에 안주하게 만들어버리기도 하고, 또 아이들로 하여금 '칭찬을 듣기 위해' 본질을 놓치게 만드는 부작용도 있기 때문이다.

학습이란 자발적이고 자기 스스로 즐거움을 발견해야만 하는데, 나이가 어릴 때는 아이들이 부모나 교사의 칭찬을 듣기 위해서만 애쓰게 될 수도 있기 때문이다. 그러면 점차 학습에 대해 내면에서 우러나오는 동기부여를 잃어버리게 될 수 있다.

스탠포드 대학교의 캐롤 드웩 교수는 함부로 아이들의 '능력'을 칭찬해주면 위험하다고 지적한다. 그녀는 오랜 시간 자라나는 아이들의 동기부여와 발달, 개인성 등을 연구해온 심리학자이다. 그녀의 연구에 따르면, 특히 어린 아이들의 경우 "넌 참 똑똑한 아이야"라고 지적 능력 자체를 칭찬해주면, 오히려 부작용의 여지가 크다고 한다. 똑똑하다는 칭찬을 들은 아이들은 공부하는 과정에서 어려운 과제를 회피하고 쉽게 해결할 수 있는 문제만을 선택하게 된다는 것이다. 그래야만 계속해서 자신이 얼마나 똑똑한지 뽐낼 수 있기 때문이다.

칭찬하는 방법을 잘 모르는 부모 입장에서, 항상 좋은 말을 해주는 것은 쉬운 일이다. 그리고 그런 칭찬은 단기적으로 아이의 감정을 개선하는 듯 보이기도 한다. 하지만 아이의 동기부여와 학습 전체 맥락을 보자면 자칫 쉬운 칭찬은 독이 될 수도 있다. 캐롤 드웩 교수는 '결과'보다는 '과정'을 칭찬해주어야 하고, 고정된 성격보다는 태도와 노력을 칭찬해주어야 한다고 강조한다.

아이들의 '질문'을 칭찬해줄 때도 같은 원칙이 적용되어야 한다. 첫째로 질문하는 아이가 얼마나 똑똑한지를 칭찬하는 것이 아니라 그 아이의 '알고자 하는 태도'를 칭찬해야 한다. 호기심을 갖는 것 자체가 바람직하고 또 그것을 적극적으로 물어보는 태도가 좋은 것이라는 가치를 심어주는 것이다.

둘째로는 자신만의 생각이나 관점이 있을 때 칭찬해줄 수 있어야 한다. 사건과 현상을 남다르게 바라보는 창의적 시도를 칭찬해주는 것이다. 질문을 통해 새로운 생각을 여는 계기를 열어주는 것이 중요하다. 어린 아이들일수록 '답'을 얘기했을 때 칭찬하기보다는, '창의적 질문'을 했을 때에 칭찬해주어야만 스스로 답을 찾는 태도를 얻을 수 있다.

아직 우리 사회는 도발적이고 적극적인 질문을 칭찬하는 일에 인색하지만, 점차 변해 나가야 할 부분이다. 노벨상 수상자이며 서울대학교 석좌교수이기도 한 아론 치에하노베르 교수는 인터뷰에서 '질문과 토론이 노벨상을 만든다'는 의견을 강조하기도 했다. 당돌한 질문을 꺼리는 한국 문화를 바꿔야만 한국도 노벨상에 한 걸음 가까워질 수 있다는 것이다.

한국 사람들은 공개적인 자리에서 질문하는 것을 부끄러워하기도 하고, 이의 제기를 하기보다는 권위에 따르는 문화를 갖고 있다는 것이다. 이의 제기와 적극적인 토론이 교육에서 얼마나 중요한지에 대해선 여러 석학들이 입을 모으고 있다.

하지만 왜 아직은 수많은 수업들이 질문과 토론 중심으로 바뀌기 힘든 것일까? 이유는 간단하다. 강의식 수업이 향후 평가의 형평성 논란에서 유리하기 때문이다. 모든 학생이 똑같이 듣도록 하고, 성취도는 그러므로 모두 학생의 능력이나 노력에 달렸다고 전제하는 것 말이다. 강의 중심의 주입식 수업은 교사에게 편의적이기도 하다.

물론 교육 일선에서는 현실적인 한계와 어려움이 많다는 것도 필자는 충분히 알고 있다. 자칫 질문과 토론 위주의 수업은 교실 내에서의 학생간 서열을 강화하는 부작용이 생길 수도 있다. 모든 학생들에게 발언권이 주어질 정도로 적은 수의 학생만이 참여하는 교실이라면 괜찮겠지만, 그렇지 않다면 말 잘하는 아이와 못하는 아이의 학습 참여가 달라질 것이기 때문이다.

한편 부모 입장에서는 아이가 너무 당돌하게 따져 묻는 아이가 된다면, 사회에 나가서 미움 받지는 않을까 걱정될 수도 있을 것이다. 21세기를 살아가고 있는 한국의 현주소는 여전히 '모난 돌이 정

맞는다'는 인식이 팽배하다. 하지만 이 책의 앞부분에서 얘기했듯이 현재는 과도기이며 변화는 다가오고 있다는 것을 다시 한 번 생각해 보아야 한다.

내 아이를 얌전히 선생님 말씀 듣고 끄덕이는 예스맨으로 키울 것인가, 조금 모난 돌이 될 수는 있지만 진취적이고 적극적인 아이로 키울 것인가. 이것은 부모의 선택이다.

그렇듯 질문을 칭찬하기 위해서는 부모님들의 자세도 함께 바뀌어야 하는 부분도 있다. 물론 절충안은 있을 것이다. 항상 적극적으로 질문하는 모습을 칭찬해주되, 때로는 사회적인 맥락과 그 '눈치'도 파악해야 한다는 점을 함께 알려주는 것이다.

기성 세대들이 겪는 조직 문화에서는 특히 어린 사람이 윗사람에게 따져 묻거나 질문하는 일이 조심해야 하는 일처럼 여겨지기도 한다. 그만큼 사회가 수직적으로 경직되어 있다는 얘기다. 부모님들의 이러한 인식과 태도가 아이들에게 그대로 전이될 경우 학습과 발달을 저해시키는 요인이 될 수도 있다.

하지만 질문은 문자 그대로 동서고금을 막론하고 지혜를 여는 문이었다고 할 수 있다. 논어에서도 공자와 제자들은 끊임없이 서로 묻고 답하였고, 플라톤 역시 끊임없는 질문과 대답으로 철학적 사유를 전개해 나갔다. 때로는 아이들에게 '좋은 답'보다는 '좋은 질문'을 칭찬해주는 것이 필요하다. 그렇게 해서 길러진 적극적인 태도야말로 지혜를 친구로 만드는 방법이라 할 수 있다.

목표는
아이가 스스로 설정하는 것이다

아이들은 언제 흥미를 잃을까? 이 질문에서 아이들의 동기부여를 찾을 비결이 시작된다. 아이들이 흥미를 잃을 때는, 첫 번째 너무 어려울 때다. 수많은 아이들이 중학교에 들어가서 수학에 흥미를 잃는 위기를 겪게 된다. 단시간에 너무 많은 분량의 진도를 나가기 때문이다. 학원을 통한 예습 복습이나 과외 교습 없이는 쉽게 따라가기 힘든 시점이 온다. 그때 아이들은 자신이 수학에 재능이 없나 생각하기도 하고, 수학은 왜 이렇게 복잡하고 쓸모 없는 것일까 생각해 보기도 한다. 그런 복잡한 생각이 고착화되면 '어렵다'는 어느새 '싫다'가 되어버린다. 흥미를 잃게 되는 것은 당연한 일이다.

두 번째는 너무 쉬울 때다. 꼭 공부가 아니라 놀이의 경우에도 마찬가지다. 어린 시절에 몰두하던 놀이가 커서 재미없는 이유는, 너무 쉬워졌기 때문이다. 공교육의 진도를 생각하면 아이들이 공부가 너무 쉬워져버려서 흥미를 잃는 일은 거의 없지만, 이는 사교육 관련해서는 종종 일어나는 일이다. 바로 과도한 선행 학습이 학교에서의 공부를 재미없게 만드는 것이다.

셋째로 아이들은 반복될 때에 흥미를 잃는다. 아무리 재미있는 놀이도 똑같은 것을 수십 번 반복한다면 아이들은 지루함을 느끼게 마련이다. 음악을 들어도 영화를 보아도 마찬가지이다. 계속 같은 패턴이 반복되고, 기승전결의 전개가 없다면 아이들은 지루해 한다.

다른 교과목에 비하여 매번 다양한 주제를 접해야 하는 논술 교육의 경우에도, 아이들이 '형식의 구조화'를 느껴버리면 흥미가 반감된다. 필자가 서론-본론-결론에 1+3+1 문단 조합 방식의 글쓰기 등 정형화되고 형식화된 논술 교수법에 크게 반대하는 이유이기도 하다.

공식을 만들고 익혀서 거기에 내용을 대입하는 것은 '쉬운 방법'임은 분명하나, 인생을 길게 보고 논술 능력을 함양해나가야 할 아이들에게는 독이 될 수도 있다. 그런 형식화된 글쓰기는 급하게 익혀야 하는 초단기 입시 논술에서나 조금 유용한 정도이며, 논술 교육의 본질과는 거리가 있는 방법이다.

마지막으로 아이들은 의미와 이유를 찾을 수 없을 때에 흥미를 잃는다. '내가 지금 이러한 글쓰기 연습을 왜 해야 하는지' 모른다면 동기부여가 될 리 없다. 반대로 지금 배우는 것에 스스로 의미 부여를 하고 선생님의 의도에 공감할 수 있다면, 학습 동기는 계속 유지

된다. 자신이 하는 학습이 궁극적으로 가치 있다고 느낀다면, 조금 어려워도, 혹은 너무 쉬워도, 약간은 반복되어도 감내한다.

그렇다면 반대로 아이들이 학습에 계속해서 흥미를 유지할 수 있도록 하려면 어떻게 해야 할까? 적절한 난이도의 목표를 제공하는 것이 가장 중요한 것일까? 교육이 너무 반복적이지 않도록 지도하는 것이 중요한 것일까? 논술을 해야 하는 의미와 이유에 대해 계속해서 얘기해주어야 하는 것일까? 물론 그런 것들 모두 조금씩 중요하다.

하지만 때로는 완전히 반대의 발상이 필요하다. 오히려 몇몇 교육 방법론이 실패하는 이유는 그 모든 동기부여를 외부적인 요인, 즉 교육과정이나 교사의 역량으로 제공해줄 수 있다고 믿기 때문이다. 핵심은 아이 스스로 목표를 설정하고 자기 자신의 동기부여를 찾아가도록 도와주는 것이다. 너무 어렵지 않은지, 너무 쉽지 않은지, 너무 반복적이지 않은지, 혹은 너무 의미 없게 느껴지지 않는지, 이걸 모두 아이가 판단하게 만드는 것이다. 무엇이 어려운지, 무엇이 쉬운지는 아이가 가장 잘 안다.

얼만큼 반복되는 것까지는 열심히 할 수 있고, 그 이상 반복하면 흥미가 떨어지는지도 아이가 스스로 가장 잘 안다. 글을 읽고 쓰며 논술 연습을 해야 하는 이유, 그 모든 의미도 아이가 스스로 발견할 때 가장 적절한 길을 찾을 수 있다.

그렇기에 수업 진도와 과제, 학습 목표 모두 아이가 결정할 수 있는 영역을 열어주는 지도 방법이 필요하다.

실제적인 예를 들어보면 이런 식이다. 필자는 교실에서 '필수 숙제'와 '선택 숙제'를 운영해본 적이 있다. 아이에게 교육 과정을 보여주며 과제의 특정 부분을 스스로 선택할 수 있게 해주는 것이다. 자신이 흥미를 찾을 수 있는 난이도와 분량을 직접 설정하도록 지도해주기도 한다.

물론 그렇다고 해서 아이들이 모든 것을 스스로 하도록 믿고 방치해두는 것은 교육이 아니다. 처음에는 그 과정을 하나하나 옆에서 같이 지켜봐 주는 것이 좋다. 아이가 스스로 너무 높은 과제에 도전하지 않도록 지도해주어야 한다.

하지만 핵심은 그 '선택'을 아이에게 맡기는 것이다. 이렇게 하면 놀랍고 신기하게도 아이들이 '필수 숙제'를 안 해오는 일은 있을지언정 '선택 숙제'를 안 해오는 일은 현격하게 드물다. 한편으로는 신기하지만 한편으로는 당연한 일 같다. 숙제를 꼭 해오도록 지도하는 방법은 숙제의 분량과 목표를 아이 스스로 결정하게 하는 일이었다는 것 말이다.

이 과정에서 가장 중요한 것은 교사 혹은 부모가 질문과 대화를 통해 아이의 생각을 자연스럽게 불러 일으키는 것이다. 아이가 스스로 자신의 학습 과정을 바깥에서 바라보며 생각해보게 만들어야 한다. 이러한 방법은 바로 '자기 결정성'과 '메타 인지'를 동시에 향상시키는 방법이다.

핵심은 부모가 답은 내려주지 않되, 문제 제기는 함께 해주는 방법이다. '네가 가장 좋아하는 공부 방법은 무엇이니?', '어떤 식으로 공부할 때 즐겁니?', '어떤 부분이 흥미롭니?' 이런 질문과 대화를 아이와 계속해서 함께 나누어야 한다.

한 가지 주의할 것은 이때 함부로 답을 정해두고 유도해선 안 된다는 것이다. 아이가 솔직하게 대답했는데, "그건 그렇게 생각하면 안 되는 것 같아"라고 함부로 판단하는 대답을 해서도 안 된다. 당연히 대부분의 아이들은 처음부터 명확한 생각을 갖고 있지 않다. 그러므로 아이가 목표를 스스로 설정하는 태도를 길러주는 일은 길고 어려운 작업이 될 수 있다.

필요한 것은 기다림이다. 아이가 자기 과제와 목표를 스스로 설정하는 힘은 하루 아침에 생기지 않기 때문이다. 아이의 대답이 당장 만족스럽지 않아도 조금씩 그것을 인정해주려 노력해야 한다. 그리고 점차 '네가 원하는 건 뭐니?', '네가 목표하는 것은 무엇이니?' 이렇게 질문의 외연을 넓혀 가야 한다. 처음에는 공부 방법과 공부 자체에 대한 질문을 던진다고 한다면, 점차 전체적인 목표와 의미에 대한 질문으로 바꿔 나가는 것이다.

이렇듯 동기부여를 이끌어내는 질문 방법은 크게 세 가지라고 할 수 있다. 첫째, 아이가 좋아하는 것, 흥미로운 부분, 잘 할 수 있는 방법에 대해 질문을 던져야 한다. 둘째, 질문에 대한 특정한 답을 유도하거나 아이의 대답을 함부로 판단하지 말고, 우선은 그 내용 모두를 인정해줘야 한다. 셋째, 아이의 단편적인 대답들을 종합하고 넓혀갈 수 있도록 인도해줘야 한다. 아이를 논술형 인간으로 키워나가기 위해선 충분한 시간과 단계가 필요하다. 질문 던지기와 대답하기, 점차 아이들을 자기주도적인 사람으로 만들어가는 방법이다.

이 글을 읽고 있는 몇몇 어머님들도 남들이 정해준 목표, 부모 혹은 선생님이 정해준 목표에 따라 맹목적으로 달렸던 기억이 있을지 모른다. 그런 목표를 갖고 학습에 임하게 되면 단기적으로 무언가 성과를 낼 수 있다. 하지만 정말로 그 목표를 성취하게 된다면 그 다음은 어떻게 될까? 사람이 자기 스스로 목표를 설정하고 성취해 나가는 방법을 알지 못한다면, 계속해서 다른 사람이 목표를 알려주는 것에 의지하게 되거나 공허함에 처할 뿐이다.

필자가 고등학생들을 지도하며 느꼈던 가장 흥미로운 점 하나는, 오히려 공부를 못하는 학생일수록 종종 무척 높은 성취 목표를 설정한다는 것이었다. 반면에 학업 성취도가 높은 학생일수록 학습 목표에 대해서 "선생님, 기간 안에 제가 다 할 수 있을까요?"라고 묻는 등, 현실적인 판단을 한다.

전자의 학생들은 사실 자신이 얼마의 기간 동안 얼마의 과제를 완수할 수 있는지 객관적으로 인지하는 능력이 떨어지는 것이고, 그 동안 목표 설정 방법을 배워보지 못한 셈이다. 반면 똑똑한 아이들일수록 자기 목표 안에서도, 현실적인 부분과 도전적인 부분을 구분한다. 목표 설정이 너무 소극적이지는 않은지 혹은 너무 무리하지는 않은지 함께 토의해주는 것은 선생님의 몫이지만, 결국 그 난이도를 학생 스스로 판단하며 목표를 세울 때에 동기부여도 함께 움직였다.

자신의 능력에 맞게 목표를 설정하는 방법은 아주 어려서부터 연습을 통해 얻어질 수 있는 것이다. 꼭 교과 학습이나 논술뿐만이 아니다. 운동이나 음악이 되었건, 자기 스스로 목표를 설정하고 그것을 성취해 나가는 방법을 익혔을 때 아이들은 행복해진다.

'동기 유발'에 대한 저술과 강연으로 유명한 미국의 컨설턴트 다니엘 핑크는, 여러 책을 통해 이런 내용을 크게 세 가지 요소로 정리했다. 전통적인 당근과 채찍의 방법, 즉 보상과 체벌을 통한 방법이 더 이상 효과적이지 않으며, 자율Autonomy, 숙련Mastery, 목적 의식Purpose이 훨씬 중요하다는 것이다. 자율성은 자신의 삶을 스스로 결정할 수 있다는 믿음이다. 숙련은 내가 익숙해지고 전문성이 생기고 무언가를 더욱 잘하게 되면서 얻는 동기부여이다. 목적 의식은 결과적으로 크고 작은 행동을 이끄는 장기적인 원동력이다. 앞서 얘기한 '이유와 의미'에 해당하는 것이다.

다시금 부모의 역할은 목표를 정해주는 것이 아니다. 아이가 스스로 목표를 설정하는 방법을 익힐 수 있도록, 함께 질문해주고, 그 작은 도전과 시도를 인정하고 응원해주는 것이다. 여기에는 물론 상당한 시간이 걸린다. 그렇기에 남은 인생 속에서 계속해서 스스로 목표를 찾는 사람으로 성장하려면, 그 목표 찾기 훈련을 일찍 시작할수록 좋다.

완벽주의에서 벗어나야 한다

공부 잘하는 많은 아이들이 생각 외로 논술이나 토론에서 어려움을 겪는 경우가 많다. 아무래도 내신 준비의 학습 방법과 논술의 접근 방법이 크게 다르기 때문이다. 물론 보통은 내신 성적이 좋을수록 배경 지식이 풍부하고 논리력도 좋기에, 논술에도 능숙한 아이들이 많다. 하지만 똑같이 학교 성적이 좋은 아이들 중에서도 논술의 문턱을 쉽게 넘는 경우와 그렇지 못한 경우가 있다.

필자는 그 이유를 아이들의 '태도' 차이에서 보았다. 능력보다는 성격이나 마음가짐의 문제인 것이다. 그 마음가짐의 차이에는 여러 가지가 있는데, 이번에는 그중에서도 '완벽주의'에 대해서 한 번 얘기를 해보고자 한다. 똑같이 학교 성적이 좋은 아이들 중에서도 완벽주의가 있는 아이들이 논술에 적응하는 데 훨씬 더 어려워하는 모습을 많이 보았기 때문이다.

상식적으로 생각해보면 꼼꼼하고 완벽을 기하는 성격은, 숙제를 철두철미하게 하고, 중간 기말고사 대비를 완벽하게 하고자 함으로써 좋은 성적을 이끌어낼 수 있을 것 같다. 특히나 시험 때 문제를 한 번 풀고 덮어두는 것이 아니라 실수가 없나 검토하는 아이라면 당연히 학교 성적은 더 좋을 것이다.

그런데 이런 완벽주의적인 성격은 항상 학습 성과에 좋은 영향을 주는 것만은 아니다. 오히려 수많은 심리학적 연구들은 완벽주의적인 성격이 장기적으로 학습 성과나 업무 성과에 부정적인 영향을 줄 수 있다는 점을 보고하고 있다. 특히나 창의성이 필요한 종류의 일이라면 더욱 그럴 것이다.

그래서 학교 공부를 잘하지만 완벽주의적 성향이 있고 자존심도 있는 학생들을 지도하다 보면, 오히려 사고력 향상을 이끌어내기 어려울 때가 많다. 자신이 서툰 것일지라도 '잘 해야만 한다'는 강박이 학생과 선생님 모두를 괴롭히는 것이다. 실수나 실패에 대한 두려움이 큰 문제이기도 하다.

그런데 글에는 정답이 없기 때문에 원래 계속해서 고쳐 쓰며 연습하는 것이다. 특히 논술은 실력이 좋은 사람이라고 해도 항상 좋은 글만 쓰는 것이 아니다. 누구나 주제에 따라 기복이 있는 것이 논술이다. 글 쓰는 실력이 향상된다는 것은 그저 '못 쓴 글'의 빈도가 줄어들고 '잘 쓴 글'의 빈도가 늘어난다는 의미다. 글 쓰는 실력이 향상된다고 해서 갑자기 모든 글에 어떤 모범 답안을 쓸 수 있게 되는 것은 아니라는 얘기다. 그런데 공부 잘하는 학생들은 무언가 답을 맞춰야 한다는 강박관념 때문에, 혹은 자신이 문장을 멋져 보이게 써야 한다는 의식에 사로잡혀서, 더욱 자유롭게 자신의 생각과 논리를 펼치지 못하는 경우가 많다.

완벽주의 성향의 아이들은 '긴 글'을 지도할 때 더욱 어려움이 많다. 논술에서는 중간까지 써놓고 잘 쓰느냐 못 쓰느냐를 따지기보다는, 우선 끝까지 밀고 나가서 완료하는 것이 더 중요할 때가 많다. 일단 완료한 후에 다시 그것을 반성하고 수정하는 과정이 중요한 것이다. 필자는 실전 입시 논술에서도 항상, 중간까지 아주 잘 쓴 글보다 조금 부족해도 완결성이 있는 글이 더 중요하다는 것을 강조하곤 한다. 소설 책이라도 중간까지 수려한 문장에 흥미진진한 에피소드가 이어진다 한들, 막상 제대로 완결 짓지 못한 작품이라면 결코 좋은 평가를 받을 수 없을 것이다.

완벽주의 성향이 있는 아이들은 자신이 못 쓴 초고를 다시 살펴보는 과정을 특히 괴로워한다. 하지만 글쓰기 교육의 핵심 중 하나는, 자신이 써놓은 글을 3자의 입장에서 보는 것처럼 객관적으로 돌아보고 수정하는 과정이다. 우리는 그런 절차를 '퇴고'라고 부른다. 글을 일단 끝내기 전까지는 어디까지나 글 '안'에 있을 뿐, 글을 '바깥'에서 바라보기 어렵다. 그래서 서툴고 못 쓴 부분이 있더라도 우선 완결 짓는 것이 중요한 것이다. 또한 내 글을 친구들에게 보여주고 서로 의견을 교환하며 토론하려는 자세도 필요하다. 그렇게 의견을 형성해나가는 것이 또한 논술 학습의 일부분이기 때문이다.

그런데 완벽주의적 성향을 지닌 아이들은 글을 남에게 보여주지 못하고 혼자 담아두기만 하는 경우가 많다. 잘 쓰려고 애쓰다가 숙제를 끝까지 못 해오는 경우도 많다. 분명히 기본적인 어휘력이 뛰어나고 가끔은 좋은 문장력을 보이는 아이라고 해도, 글을 잘 끝낼 줄 모른다면 소용이 없다. 소통하고, 의견을 받고, 한 번 깨져 보기도 해야 한다. 스스로를 비판하며, 또 타인의 비판을 받아들이는 일에 유연해져야 한다.

아이들은 자신의 생각이나 의견의 논리적 구조가 허술했던 점들을 스스로 돌이켜 반성해 나갈 때에 더욱 탄탄한 논리력을 획득하게 된다. 비가 온 뒤에 땅이 굳듯이 이것은 자연스러운 과정이다. 그런데 자칫 공부 잘하는 아이들의 완벽주의적 성향은 소통의 단절이나 폐쇄성을 가져오기도 하는 것이다. 이렇게 나쁜 의미의 완벽주의적 성향에서는 어떻게 벗어날 수 있을까?

그런 완벽주의에서 벗어나는 것에도 단계가 필요하다. 첫 번째는 먼저 마음을 유연하게 하는 단계이다. 아이가 완벽주의적 성향을 갖고 있고, 그것이 긍정적으로만 작용하지 않는다는 것을 발견하게 된다면, 부모와 교사가 합심하여 아이에게 일관된 태도를 보여야 한다. 그 태도는 바로, 결과의 완벽함보다 '시도'와 '도전'을 격려하고 칭찬하고자 하는 태도이다.

조금 못하거나 실수가 있다 해도 그런 시행착오의 과정은 자연스러운 것이고 누구나 겪는 일이라는 것을 아이에게 잘 설득하여 알려줘야 한다. 아이들의 완벽주의적 성향은 부모가 아이의 어떤 점을 벌하고 칭찬했는지에 따라 형성되는 경우도 많다.

이것은 이 책의 다른 장인 '완결도 습관이다'와도 긴밀하게 연결되어 있는 부분이 있고, '완성형 인간보다 차별화 인간이 성공하는 시대'와도 상관이 있다. 너무 결과주의적인 성공만을 추구하려 하는 강박과 주변 분위기가 아이의 전체적인 성취 동기를 저하시킬 수 있기 때문이다.

그러므로 먼저 부모가 너그러운 태도와 유연함을 지녀야 한다. "조금 못해도 괜찮아, 고생했어, 잘했어." 이런 몇 마디의 담담한 응원이 아이들의 굳은 마음에 큰 유연제로 작용할 수도 있다.

아이들이 마음의 유연함을 얻어서 '잘해야만 한다는 강박'에서 벗어나기 시작하면, 실제로 크고 작은 도전에 뛰어들도록 유도하는 과정이 필요하다. 학교 수업 과제이건, 부모와 함께 하는 체험 학습 활동이건, 필자가 이 책의 다른 장에서 언급하는 것처럼 기행문이나 관찰 일기를 쓰는 과정까지, 우선 쉬운 것이라도 끝까지 완성한 결과물을 갖는 뿌듯함을 느끼게 해주어야 한다. 결과물에 관계없이 '끝낸다'를 훈련하는 것 자체가 가장 중요하다. 아무리 작은 글쓰기라도 일단 끝냈다는 느낌이 들면 뿌듯함이 찾아온다.

필자가 보았던 좋은 논술형 엄마들은 완벽을 요구하기보다는, 서툰 시도와 도전에 더욱 더 많이 칭찬해주시는 분들이었다. 때로는 칭찬과 격려의 힘이 가히 역설적이라는 기분을 느끼게 된다. '잘 해야 한다'는 얘기를 더 많이 하면 할수록 안 좋은 강박이나 두려움이 생겨서 아이들은 반대로 하고, '못해도 괜찮다'고 할수록 아이들이 더욱 잘하게 되는 모습을 보게 되기 때문이다.

물론 막연하게 '못해도 괜찮다'에서 끝나는 것은 아니다. '못해도 괜찮지만, 꼭 끝까지 해내야 한다.' 혹은 '못해도 괜찮으니, 꼭 스스로 해내야 한다'처럼 더 중요한 가치들을 심어주는 것이 중요할 것이다. 필자 또한 코칭이나 수업을 할 때, 글을 잘 쓰려면 '잘 쓰고자 하는 마음'에서 먼저 벗어나야 한다는 역설적인 얘기를 자주 하게 된다.

필자가 아이들을 가르친 체험과 관찰에 의해 '완벽주의'의 문제점을 지적했지만, 완벽주의의 부작용은 여러 저명한 연구자들에 의해서 계속해서 문제 제기되어 왔던 것이다. 스탠포드 대학의 정신의학 및 행동과학 분야 교수인 데이비드 번즈David Burns는 자신의 저서와 논문을 통해, 완벽한 상태가 있다고 가정하고 그것을 추구하는 것이 사람들을 괴롭게 만든다고 지적한다. 어차피 현실 세계에는 완전 무결한 결과가 존재하기 힘들기 때문에, 자기 자신에 대한 기준을 낮추면 오히려 더욱 성공 가까이에 갈 수 있게 된다는 것이다.

완벽주의는 사람들이 종종 갖게 되는 '전부 혹은 무용지물All or Nothing'이라는 이분법적 사고와도 관계가 있다. 그래서 완벽주의는 사람들로 하여금 '완벽하지 못한' 자신의 성과를 평가절하하게 만든다고 지적한다. 이러한 과정 때문에 장기적으로 완벽주의적인 사고 방식은 스스로를 심리적으로 피로하게 만들고 업무나 학업 성과에 부정적인 영향을 미친다는 것이다.

하버드 대학에서 오랜 시간 긍정성에 대한 심리학을 강연하고 있는 탈 벤 샤하르Tal Ben Shahar 교수는 '완벽의 추구The Pursuit of Perfect'라는 책을 통해, 역시 완벽주의자들의 성격이 결국 스스로를 괴롭힐 수 있음을 지적한다. 종종 완벽주의가 단기적으로는 탁월한 성과를 보일 수도 있지만, 성과와 상관없는 부분에서까지 강박을 갖게 만들어서, 장기적으로는 여러 성과에 악영향을 미칠 위험이 있다는 것이다.

여기에 대해 필자는 수업 때 조금 더 거친 표현을 쓰기도 한다. 바로 '쓰레기를 만들어내는 것을 두려워하면 안 된다'는 것이다. 애초에 창작 혹은 창조라는 과정이 그런 과정일지도 모른다. 도자기를 굽는 장인들이 조금이라도 삐뚤어진 모양의 도자기를 거침없이 부숴버리는 것처럼, 여러 번 시도한 끝에 우리는 마음에 드는 결과물을 얻을 수 있다. 부숴버릴 허접한 작품을 만드는 과정을 거치지 않고는 명작을 만들 수 없는 것이다.

논술이라는 것도 결국은 글을 쓰는 일이고, 생각을 조직화하여 논리를 만들어내는 일이다. 그것은 공예품을 만들어내는 과정과 비슷한 면이 있다. 이때는 내 작품이 쓰레기처럼 보이지 않을까를 걱정하기보가는, 능동적으로 더 많은 쓰레기를 만들어내며 실력을 키워가야 한다. 그러다 보면 열 번에 한 번은 나도 모르게 무척 마음에

들고 잘 쓴 글이 나오고, 그것이 다섯 번에 한 번이 되고, 세 번에 한 번, 이렇게 줄어가는 것이다.

필자는 이 책의 전체에 걸쳐서 실행의 중요성과 습관의 중요성에 대해 얘기하고 있다. 왜냐하면 거듭 강조하지만 사고력과 논리력은 한 번의 수업으로 만들 수 있는 것이 아니라 오랜 시간의 훈련을 통해서 형성되는 잔근육 같은 것이기 때문이다. 즉, 아이들의 학습에 대한 관점과 모든 태도는 몸의 근육을 키우듯 오랜 시간 반복하며 길러야 하는 것이다.

그래서 글쓰기를 운동이나 악기 연습에 자주 비유한다. 완벽주의에서 벗어나서 실행과 성취의 즐거움을 알아가는 과정도 운동이나 악기 연습과 마찬가지다. 잘하려고 힘을 주고 무리하면 손이 엇나가며, 자칫 부상을 당하게 될 수도 있다. 그러니 힘을 빼고 유연하고 자연스럽게 모든 것을 시도하는 자세가 필요한 것이다.

대부분 아이들의 글쓰기 습관이란 '못하는 것'이 문제가 아니라 '안 하는 것'이 문제이다. 자유롭게 자기 생각을 펼쳐야 하고, 유연하게 자신의 글을 고쳐 나가야 하는 논술 교육 과정에서라면 완벽주의는 독이 될 가능성이 훨씬 크다.

특히 공부 잘하는 모범생인 아이들일수록 자신도 모르는 사이에 강박에 빠져 있는 경우가 많다. 이때에는 본인의 노력뿐 아니라 주변의 태도 변화와 관점 변화까지 필요하다.

아이가 만약 완벽주의적 성향을 갖고 있다면, 부모는 자신들의 말 한 마디나 태도가 아이들에게 영향을 준 것은 아닐지 반드시 반성해보아야 한다. 꼭 잘해야만 한다는 마음을 버리고 다른 사람의 의견과 비판에 부딪히는 연습을 해나갈 때에 아이들은 더욱이 논술형 인간으로 성장할 수 있을 것이다.

남들과 다를 수도
또 같을 수도 있어야 한다

논술을 가르치다 보면 종종 '특별함'을 강박적으로 추구하는 학생들을 만나게 된다. "남들과 똑같은 내용을 써내면 점수 받을 수 없다고 그랬어요." 이러한 태도는 입시 논술이 아니라 입학사정관 서류 준비나 수시 입학 자기소개서가 되면 더욱 심해진다. 차별화 포인트를 찾기 위해, 다른 아이들에게는 없는 것을 부각시키고자 노력하는 것이다. 물론 특별하면 좋다는 것은 틀린 말이 아니다. 필자도 창조적 내성이나 차별화에 대해 앞서 많이 설명했다.

그런데 한편 논술 실전에 들어서는, 특별함의 함정에 빠지면 명료하고 명쾌한 글을 써내기 어려워진다. 불필요한 과장을 덧붙이거나 단순한 일을 장황하게 서술하는 경우도 생긴다. 이것은 아이들에게 장기적으로 결코 좋지 않은 것이다. 반면에 내가 만난 상위 1% 논술형 인간들은 굳이 '특별함'을 애써 추구하는 이들이 아니었다.

특별함은 일부러 남들과 달라지고자 노력한다고 해서 생기는 것이 아니라, 한 가지에 대한 깊은 고민 혹은 철저한 분석에서 나오는 경우가 훨씬 많기 때문이다.

필자는 항상 학생들에게 '선모범, 후개성'을 강조하곤 했다. 먼저 남들이 할 수 있는 것만큼의 분석과 논변을 충실히 해낸 후에, 남들과 무엇이 달라질 수 있을지 생각해보라는 것이다. 이것은 발상에서부터 논리, 작문에 이르기까지 논술적 사고와 학습 전체에 필요한 지침이다. 자칫하면 학생들은 독창성Originality이라는 것을 오해할 수 있다. 독창성이란 단지 '남들과 다르게 툭 튀어나온' 무언가라는 의미가 아니다. 고유한 색깔과 모양을 지녀서 빛이 난다는 의미다.

실제로 이것은 입시 논술의 합격 전략에서도 마찬가지이며, 면접은 물론, 아이들이 거쳐야 하는 수많은 관문에서도 마찬가지이다. 특히 기업의 입사 면접에서도 사람들은 창의적 인재나 열정 등의 가치를 요구하지만, 그 모든 것은 '충분한 모범'을 완수한 후에만 인정받을 수 있다. 이것이 이 사회가 갖고 있는 현실의 일면이다.

영화 시나리오 작법서로 유명한 미국의 작가 블랙 스나이더Blake Snyder는 "똑같은 걸로 주세요, 오직 하나만 다른 걸로Give me the same thing… only different"라는 말로 좋은 발상에 대해 설명했다. 전혀 새로운 장르나 영화적 형식은 자칫하면 독자들에게 혼란을 줄 수 있을 뿐, 시나리오의 발상은 대중이 보편적으로 공감할 수 있는 구조에 기반하고 있어야 한다는 것이다. 다만 딱 한 가지 다른 점을 뚜렷하게 보여줄 수 있으면 성공한 시나리오가 된다는 것이다.

이것은 시나리오 작법뿐만 아니라 논술에서도 마찬가지이며 수많은 설득적 글쓰기에서도 마찬가지이다. 블랙 스나이더의 얘기는 결코 기존의 것들을 답습하거나 복제하라는 의미가 아니다. 오히려 기존의 것들을 철저하게 분석하고 그 양식을 익혀야만, 차별화 지점을 발견해낼 수 있다는 것이다. 필자 또한 바로 그 지점에 동의한다.

그러므로 필자는 학생 중에서, 조금 남다른, 혹은 특별한 재능을 지닌, 창의적인 학생들을 만날 때마다 더욱이 '선모범, 후개성'을 강조했다. 이것은 이 사회에서의 생존 양식을 가르치는 동시에, 학생들이 훨씬 많은 사람과 소통할 수 있는 태도를 길러주기 위함이었다. 판에 박힌 공산품 같은 뇌를 형성해서도 안 되는 일이지만, 제도권에서 벗어난 생각에만 익숙해질 경우 학생이 겪어야 할 혼란과 좌절도 결코 작은 것이 아니기 때문이다.

가장 좋은 것은 본인의 의지로 보편과 특수를 넘나들 수 있게 되는 것이다. 수많은 '보통 사람들'의 이야기에 귀 기울여서 모두가 듣고 싶어하는 얘기도 할 수 있지만, 그러면서도 필요한 때는 아무도 생각 못한 자신만의 '괴짜' 같은 얘기를 꺼내어낼 수 있는 것, 여기에 지향점을 두어야 하는 것이다.

한 번은 대안학교를 중퇴하고 대입을 준비하는 학생을 만난 적이 있다. 내가 가르친 학생은 아니었고 두어 차례 상담을 거친 것뿐이지만, 한편으로는 대안교육의 역설을 겪은 학생이 아니었나 싶다.

그 학생은 제도권 교육이 마음에 들지 않아 일반고를 자퇴하고 대안 학교로 옮겼고, 그마저 중퇴한 후에 혼자 검정고시를 준비하여 대입 자격을 획득한 친구였다.

처음에는 이러한 맥락도 알지 못한 채 상담을 하며 사고방식이 독특한 아이라고만 생각했다. 그 아이의 개인성도 인정해주어야 하고 교사로서 그런 이력을 통해 아이를 함부로 판단해서도 안 되지만, 그 학생이 '남들과 달라져야 한다'라는 강박을 갖고 있어서 안타까웠던 기억이 있다. 이미 대부분의 학생들과 다른 삶의 길을 걸었기 때문에, 그 특수한 성격이 강조되어야만 자신의 삶이 의미있어진다는 생각을 하고 있었던 것 같다.

하지만 남다르고 특별한 부분을 심화시켜서 계발하는 것도 좋지만, 중고등학교 교육 과정에서 배워야 할 중요한 능력 중 하나가 '다양한 사람과 소통하는 능력'이다. 다양한 사람과 소통하기 위해선 대중의 보편적 사고방식에 대해서 잘 이해하고 분석할 수 있어야 하고, 그것을 바탕으로 자기 의견을 가져야 한다. 하지만 먼저 '보통'의 사고 방식을 이해하고 공감하는 단계를 거치지 못하면, 그 또한 부작용이 생기는 것이다.

나는 학부모님들에게 이렇게 얘기하곤 했다. "본인의 자녀가 정말 0.1%의 천재라는 생각이 든다면 보편적 사고 방식은 굳이 가르치지 않아도 됩니다."라고 말이다. 만약 정말로 한 아이가 태생적으로 압도적 차이를 갖고 있다면, 굳이 '보통'을 가르치지 않고 그냥 놔두어도 된다. 하지만 이 책은 좀 더 99.9%의 아이들을 위해 시작한 것이다.

훌륭한 논술형 인간으로 성장하기 위해 꼭 필요한 단계 중 하나는, 보편성과 특수성을 동시에 이해하고 본인의 논지에 담을 수 있는 자질이다. 전혀 남들과는 다른 독특한 인간, 한편으로는 사회에 적응하기 어려운 장외 인간이 되도록 하는 것이 아니라, 주어진 일들을 모범적으로 완수하면서도 그 안에서 창의성과 개성을 발휘하는 사람으로 길러주는 것이, 교육의 목표이기 때문이다.

그렇다면 '모든 것은 똑같고, 오직 하나만 다른 것'은 어떻게 생각해낼 수 있을까? 그 방법 중 하나는 분석적 사고이며, 논지를 여러 원인과 결과로 쪼개서 생각하는 변인 중심의 사고 방식이다. 즉, 보통 사람들의 생각이 무엇인지 전제와 결론을 분석해낼 수 있어야 그 이상의 것을 발견할 수 있다.

기존의 '흔한' 보편적 논의를 충분히 답습해보는 것은 학습 단계에서도 중요하다. 이미 주류가 된 사고 방식은 나름의 구조를 갖고 있기 때문이다. 그것이 옳고 그르냐를 떠나서 이미 널리 알려진 논조는 알아둘 가치가 있다. 그런 주류의 논의를 따라가보면서 깨달을 수 있는 것이 있고, 다시 그것을 전혀 다른 관점에서 비판해보면서 얻어낼 수 있는 것이 있기 때문이다.

자연스럽게 자기 의견이 형성된 아이들은 이런 반응을 보인다. "저는 제 생각을 얘기한 것뿐인데, 사람들이 왜 특별하다고 하는지 잘 모르겠어요." 이런 아이들은 조금 더, 보편적인 사람들과 소통할 수 있도록 이끌어주면 된다. 아주 발전 가능성이 높은 경우이다. 물론 "다른 선생님이 차별점이 드러나게 쓰라고 했는데…."라는 얘기만 하며 의식적으로 특별함을 찾는 아이들에게는, 좀 더 자유롭게 자기 생각을 펼칠 수 있도록 해주어야 한다.

고2 이하 정도의 아이들은 아직 온전히 보편성과 특수성 사이를 넘나들지 못하는 경우가 대부분이다. 혹시라도 '우리 아이는 특별해야 해'라는 강박을 갖고 있는 어머님이 계시다면, 그런 마음으로는 오히려 아이가 특별해지지 않는다는 점만은 말씀드리고 싶다. 잘못된 강박은 오히려 자유로운 생각을 제한하는 덫이 될 뿐이기 때문이다. 비판적인 사고를 계발시켜주고 자기 생각을 펼칠 자유와 계기를 만들어준다면, 그 색깔은 제각각일지라도 어느 순간 특별한 아이가 되어 있을 것이다.

한자 공부는 꼭 시켜야 할까

아이들에게 한자 공부도 시켜야 할까? 깔끔하게 답부터 얘기하면 '그렇다'이다. '꼭' 시켜야 하는 것은 아니지만, 시키면 정말 좋다. 총론으로 보면 '그렇다'인데, 필자는 입시 강사 출신이므로 현실적인 시기적 문제를 논하지 않을 수 없다. 고2, 고3이라면 '보류', 고1이라면 '중립', 중학교 이하의 교육 과정이라면 '강력 추천'이다. 물론 이것은 일반적인 경우를 상정한 것이며 상세한 학습 설계는 각 학생의 여건에 따라 달라져야 한다.

개인적인 견해를 좀 더 밝혀보자면, 고등학생이라도 여건이 괜찮다면 한자 공부를 시작하는 것이 좋다고 생각한다. 어린 시절에 한자 교육을 경험해보았다면 더할 나위 없고, 아예 처음 시작하는 경우라도 괜찮다. 문과에 진학할 학생이고, 현재 특별히 부족한 교과목이 없다면, 고1도 새롭게 한자 공부를 시작하기에 괜찮은 시기라 생각한다.

특히 문과의 경우, 평생을 놓고 본다면 한자도 일종의 '언어'이기 때문에 어린 시절부터 배울수록 유리할 것이다. 대부분 공기업의 경우 한자 자격증에 의해 입사 가산점을 받고 있고, 상당수 일반 대기업의 경우도 인적성 시험에 한자 문제가 나온다. 자녀가 법조계 진로를 생각한다든지 한자를 알고 있으면 유리한 특정 분야를 진로로 생각한다면, 어린 시절 한자 공부를 시키는 것은 부모로서 좋은 선물이 될 수 있다.

또한 한자 공부는 차후에 중국어, 일본어 등의 외국어를 배울 때 유리하게 작용한다. 수능 언어 영역의 고전 지문 등을 풀 때도 유리하다. 이렇게 한자의 효용을 구체적으로 늘어 놓기 시작하면 제법 여러 개를 들 수 있지만, 사실 이런 실용성 문제를 제외하더라도 한자 공부는 논술에 본질적으로 유효한 부분이 있다.

한자 공부를 추천하는 이유는 간단하다. 수많은 국어 단어의 형성 방식과 어원이 한자에 기반하고 있기 때문이다. 한자를 배우면 국어 단어를 더욱 잘 이해하고 사용할 수 있는 기틀이 된다. 글을 구체적으로 쓰고 논리를 정교하게 만들기 위해서 기본이 되는 것은, 단어의 뜻과 활용을 분명하게 아는 것이다.

한자를 아는 것은 단어의 뜻을 분명히 익히는 데 큰 도움이 된다. 단어의 한자 조합에 따라 미묘한 의미 차이가 발생하는 경우는 굉장히 많기 때문이다.

예를 들어, 승낙의 유사어를 생각해보자. 승낙과 같이 무언가를 '할 수 있게 해준다'는 의미다. 우리는 뜻은 비슷하지만 글자는 다른 여러 단어를 떠올릴 수 있다. 행위 주체의 관계나 태도에 따라, 혹은 그 단어가 쓰이는 맥락에 따라 상당히 많은 유의어가 있다. 승낙, 수락, 수긍, 승인, 허락, 허용, 용인, 용납, 허가 등등 구체적으로 쓰이는 상황은 다르지만 유사하게 무언가를 '할 수 있게 해주는' 경우에 쓰이는 표현이다.

이를테면, 승낙은 무언가를 요청했을 때에 그것을 들어준다는 의미이고, 수락은 승낙보다 조금 더 수동적인 경우에 사용한다. 수긍은 행위로는 드러나지 않지만 인정하고 존중해준다는 것이고, 승인은 공적인 맥락에서 그것이 옳다고 인정해주는 것이다.

허락과 허용은 무언가가 금지될 수도 있는 맥락에서 그것을 할 수 있도록 인정해준다는 것이고, 용인은 어떤 행위가 행해지도록 인정하고 가만히 놔두는 쪽의 의미에 가깝다. 허가는 법령이나 규범의 영역에서 특정 행위를 할 수 있도록 허락해주는 경우에 사용한다.

이렇게 승낙, 수락, 수긍, 승인, 허락, 허용, 용인, 허가는 각각 비슷한 의미를 공유하고 있지만, 각자가 쓰이는 구체적인 상황과 서로 다른 맥락이 있다. 어떤 단어든 그 구체적인 상황과 맥락을 찾아서 글을 쓰는 것이, 좋은 글을 쓰는 기본이다.

학생들의 글을 읽어보면, 글쓴이가 자신의 단어를 완전히 장악하고 쓰고 있는지 아니면 자기가 온전히 통제하지 못하는 어려운 말들을 단지 조합했는지 쉽게 알 수 있다.

이렇게 각각의 단어들이 쓰이는 구체적인 맥락과 그 의미를 익히려면 글을 많이 읽고 단어들을 탐구해야 한다. 이때 각 단어에 쓰인 한자를 알고 있다면 그 의미에 접근하기가 훨씬 수월해진다.

또한 한자를 공부하면 특정한 단어의 경우 더 심층적 의미에 접근할 수 있게 된다. 단지 유사한 단어의 뉘앙스를 구분하기 위한 것이 아니라, 각 단어가 어떤 한자의 조합으로 이루어져 있는지 생각함으로써 단어의 의미를 깊게 이해할 수 있게 된다는 의미다.

예를 들어, 자연自然이라는 말은 스스로 '자'와 그럴 '연'으로 이루어져 있다. 우리가 자연 생태계라거나, 자연스럽다라거나 이런 말을 쓸 때는 아무렇지 않게 쓰지만, 자연은 한자를 풀이하자면 '스스로 그러하다'라는 뜻이다. '자연'이라는 단어의 뜻을 모르는 아이는 없다. 다만 이때 '자연'이라는 단어를 듣고 그냥 풀숲이나 동물들을 떠올리는 아이가 있고, 동시에 그것을 '스스로 그러하다'라는 의미로 풀이할 수 있는 아이가 있다. 후자 아이들의 경우 윤리 과목의 노장사상에서 얘기하는 '무위자연無爲自然' 같은 독특한 개념을 훨씬 수월하게 이해할 수 있게 된다.

이렇게 한자의 심층적 의미를 이해하게 되면, 당연히 수많은 사회탐구 과목에 유리하다. '법과 정치' 과목에서 배우는 '추정'과 '간주'의 차이, '경제' 과목에서 배우는 '긴축', '비경상소득' 등의 낯선 문자의 조합으로 된 개념, 이렇게 하나하나 예시를 들어 설명하기에 너무 많을 정도로 교육과정에는 비일상어이면서 한자의 조합으로 된 개념들이 많다.

사회탐구 과목뿐만 아니라, 과학 과목에서도 마찬가지다. 어쩌면 과학 과목에서 비일상적 한자어가 더 많이 쓰이기도 한다. 이는 우리나라 근대 학문의 전파가 많은 부분 일본어 번역을 통해 전해진 것 때문이기도 하다. 중학교 화학에서부터 '용해', '용질', '용매' 같은 한자로 이루어진 단어를 아무렇지 않게 사용하는 것만 보아도, 아이들이 한자에 익숙할 경우 얼마나 유리할지 생각해볼 수 있다.

물론 각각 과목에서 얘기하는 특수한 개념들은 한자만 알아서 되는 것이 아니라 충분한 교과 지식을 갖추어야 이해할 수 있는 것들이다. 다만 한자를 충분히 공부한 학생들이라면 최소한 좀 더 친숙하게, 그리고 한자 조합이 뜻하는 바를 생각하며 자연스럽게 과학 개념들을 공부할 수 있다는 것이다.

물론 더 좋은 것은 해당 용어들의 영어 단어까지 익히며 입체적으로 학습하는 것이다. 언어를 많이 아는 것은 자연스럽게 사고를 풍부하게 한다.

필자가 만났던 수많은 논술형 인간들도 한자에 대한 기본 개념을 갖추고 있는 이들이 대다수였다. 한자를 당장 잘 알지는 못하더라도, 특정한 단어가 구체적인 한자의 조합이라는 것을 생각할 수 있는 아이들이었다. 필자가 앞서 언급한 것처럼 '자연'을 '스스로 그러하다'라고 풀어 생각할 수 있다는 것인데, 한자를 많이 알지는 못하더라도 거의 대부분 이런 소양이나 관점을 갖고 있었다. 즉, 논술형 인간을 위한 한자 교육은, 무작정 한자를 많이 외우는 것이기보다는 국어 단어의 개념을 한자를 통해 접근해 나갈 수 있는 기초 소양과 관점을 갖추는 것을 목표로 해야 할 것이다.

그래도 글자를 외우는 것이 한자 학습의 기본이긴 한데, 그렇다면 어느 수준까지 해야 할까?

자격 시험을 보는 단체와 기관마다 기준이 다르긴 하지만, 보통 대학생의 경우에도 2000자 내외의 주요 한자를 익히면 충분하리라 생각한다. 많이 알수록 좋겠지만, 익히는 글자 수가 많아질수록 효용도 떨어질 것이므로 대학 교육에 필요하고 사회 생활하는 데에 충분한 만큼만 익히면 될 것이다. 대입을 준비하기 전까지는 좀 더 필수적인 한자 1200자에서 1500자 정도 익히는 것으로 충분하리라 생각한다.

필자도 한자 교육 자체의 전문가는 아니므로 이 정도의 조언만 할 수 있고, 어떤 경로로 한자 교육을 지도해야 하는지는 독자 어머님들이 한자 전문가를 통해 더 심층적으로 알아보는 편이 좋을 것이다. 한자 교육은 사교육 부분도 많이 발달해서, 연령과 시기에 맞는 교재들이 상당히 여러 종류 나와 있다. 전체적인 교육 방향의 틀만 지킨다면 어머님 재량에 따라 자녀에게 맞는 한자 교육을 찾으면 될 것이다.

다만 한자 학습에 대해 한 가지만 더 첨언하자면, 역시 '흥미'를 찾아주는 방향이어야 할 것이다. 부디 필자가 이번 글에서 한자 학습의 필요성이나 중요성에 대해 언급했다고 하여, 갑자기 한자 학습지를 구독하고 아이를 '암기의 늪'에 밀어 넣는 어머님은 없으시길 바란다.

필자가 모든 교육에서 '흥미'를 중요시하는 것은 '오래 가는 학습'을 위해서다. 흥미 찾기는 당장 암기시키는 것보다 더 비효율적인 교육법 같지만, 인생 전체를 놓고 길게 보면 학업 성취와 훨씬 긴밀한 상관 관계가 있기 때문이다.

흥미가 없이 꾸역꾸역 1000자를 공부하는 것을 목표로 하는 것보다, 당장은 별 것 아닐지 모르지만 흥미를 유도하며 100자만 공부를 시작하도록 지도하는 것이 좋은 교수 방법이다. 흥미 위주의 한자 공부를 생각해본다면, 사자성어 중심의 한자 교육, 청소년을 대상으로 하는 고전 읽기, 심지어 만화식 교재까지 여러 종류의 흥미 중심 한자 교수법을 찾아볼 수 있을 것이다.

마지막으로 다시금 아이들의 학습 설계는, 다른 여건과 전체 맥락을 고려해야 함을 강조하고 싶다. 이 책을 읽고 계신 부모님이라면 이미 충분히 '아이에 맞춘' 학습 설계에 대해 고민하고 있을 것이다. 아이의 전체적인 학습 능력에서 다른 더 중요한 부분을 발견한다면 굳이 한자에 시간을 쏟을 필요는 없다. 아이가 흥미도 갖지 않는데 무작정 시킬 필요도 없다. 아이의 집중력과 흥미, 그리고 시간까지 모든 것은 한정되어 있으며 그것을 잘 분배하도록 도와주는 것이 좋은 부모의 역할이기 때문이다.

다만 한자 또한 '언어'의 일종인 만큼, 미리 배워두면 시간이 지날수록 효과를 보게 된다는 점을 다시 한 번 얘기하고 싶다.

아이들에겐 또래의 토론 상대가 필요하다

성공한 아이들에겐 토론 상대인 단짝 친구가 하나씩 있었다. 이것이 필자가 논술형 인간인 아이들을 보며 발견했던 또 하나의 공통점 중 하나이다. 단짝 친구야 공부를 잘하든 못하든 누구나 있는 것이지만, 함께 '토론'할 친구가 있느냐는 다른 문제이다. 자기 주관이 있고 또래에 비해 성숙한 생각을 가진 아이들 중 다수는 '토론'할 친구가 있다는 공통점이 있었다. 남학생이든 여학생이든 마찬가지였다. 아주 드물지만 형제 사이가 그런 친구의 역할을 하는 경우도 있었던 것 같다.

같은 주제에 대해 의견을 주고받을 수 있는 친구가 있다는 것은 무척 축복받은 일이기도 하다. 필자가 관찰해보니, 주로는 학업 성취도나 성적 수준이 비슷하며 집안 환경이나 여건도 비슷한(부모님끼리 아는 사이인 경우도 제법 많다) 아이들이 그런 친구가 되는 듯했다.

그리고 그런 토론 상대는 협동과 경쟁의 양상을 모두 갖고 함께 발전하게 된다.

그런 아이들을 보며 필자도 스스로의 인생을 돌아보았더니, 운이 좋게도 그런 친구가 계속 있어왔다는 것을 떠올릴 수 있었다. 중고등학교 때는 그 시절에 맞는 친구가 있었고, 대학교와 대학원에서는 또 각각 그 시절에 맞는 친구가 있었다. 성인이 된 후에는 그런 지적 대화를 나눌 수 있는 상대가 꼭 동갑 나이일 필요는 없지만, 청소년 때는 보통 동갑 친구가 중요한 것 같다. 어릴 때는 한두 살 차이에 따라 학습 수준의 차이가 크기 때문이다. 필자도 인생을 돌이켜보니 항상 그 시기에 지적인 대화를 나누고 토론할 수 있는 벗들이 있었다는 것에 감사하게 된다.

그래서 필자는 학생들에게 꼭 좋은 파트너를 찾으라고 얘기한다. 그리고 사람은 혼자서만 잘나서는 똑똑하기 어렵다는 얘기를 덧붙인다. 좋은 동료를 찾는 것은 좋은 멘토를 찾는 것만큼이나 중요하다. 특히 지적 성장을 이루고자 하는 사람에게는 말이다.

우리는 '가짜 논술형 인간'이 되지 않도록 항상 조심해야 하며, 즉 자기 생각에 매몰되어 아집에 빠지지 않도록 끊임없이 열린 자세로 다른 사람과 대화해야 한다. 사람은 아무리 똑똑해도 혼자서만 공부하다 보면 쉽게 단편적인 생각에 매몰되게 마련이다. 이때 자신이 보지 못하는 것을 서로 바라봐주는 친구의 가치가 소중해지는 것이다.

그러므로 좋은 엄마도 중요하고, 좋은 선생님도 중요하지만, 좋은 친구 역시 빠져선 안 될 존재이다. 이 책의 제목은 논술형 엄마이지만, 엄마가 모든 것을 해줄 수 있을 것이라 생각해선 안 된다. 선생님도 마찬가지로 모든 걸 해줄 수는 없다. 친구끼리 주고받을 수 있는 성장 또한 분명히 있다는 얘기다.

다른 관계가 아니라 같은 선상에 서 있는 친구와 토론할 때 오직 가능한 배움이 있다. 엄마는 아이의 의견을 잘 들어주고 애정과 존중을 줌으로써 자존감을 길러주고, 선생님이 교육을 통해 지식과 관점을 길러준다고 한다면, 실제로 자신의 생각을 나누며 반성하고 연습해볼 때는 또래 친구가 중요하다.

그렇다고 엄마가 아이 친구 만들어주는 것까지 치맛바람을 펼칠 수는 없는 노릇이지만, 교우 관계를 잘 형성하는 데는 엄마의 태도와 도움이 영향을 줄 수는 있다. 때로는 '노는 것'이라도 좋은 친구와 함께라면 너그럽게 인정해주고, 좋은 친구를 사귈 기회를 만들도록 여러 투자를 해줄 수도 있을 것이다. 만약 어머님이 보기에 학습 수준도 비슷하고 좋은 시너지를 낼 수 있는 친구처럼 보인다면, 함께 간식 사먹으라고 용돈이라도 한 번 더 주는 것, 이런 작은 행동들이 아이에게 좋은 환경으로 작용할 것이다.

만약 자녀에게 좋은 친구가 있는데, 어머님 입장에서 그 친구의 부모님과도 잘 통하는 사이라면 금상첨화라 할 수 있다. 상대 부모와 얘기하여 자녀들에게 여러 활동들을 함께 시킬 수 있기 때문이다. 이를테면 방학 중에 보내는 캠프 한 번이라도 함께 갈 단짝 친구가 있다면 더 좋은 추억을 만들 수 있고, 시너지도 낼 수 있을 것이다. 실제로 필자는 유사한 성향을 지닌 논술형 엄마들끼리 서로 친한 것을 종종 보았다.

이것은 희귀한 사례가 아니다. 지역마다 상황이 다를 수 있지만, 교육열이 어느 정도 있는 지역의 상위권 학생들 사이에서는 그런 경우가 특히 많아 보였다. 자녀가 반장 혹은 부반장 같은 학급 임원을 하게 될 경우 어머님들이 학교를 통해 친해지게 된다거나, 교육에 관심 있는 학부모 모임을 통해서 교류하는 경우가 상당히 많다.

물론 자녀 친구의 부모를 아느냐에 상관없이, 내 자녀에게 도움이 될 아이가 있다면 좋은 쪽으로 신경을 써줄 수 있다. 이를테면 필자가 보았던 어떤 어머님은 늦게까지 학원에서 공부하는 고3 자녀의 간식을 싸서 보낼 때, 항상 그 아이와 친하며 함께 학원에 다니는 다른 아이의 것까지 함께 싸서 보내곤 했다. 다른 아이의 어머님은 아마 직장 때문에 간식까지는 신경 쓰지 못했던 것 같다.

그런데 자녀 친구의 간식까지 싸서 보내는 그 어머님이 무척 계산적이어서 그랬다고는 생각지 않지만, 그런 관심과 배려는 확실히 그 두 아이를 더욱 돈독하게 했던 것 같다. 특히 고3은 본인이 필기하거나 정리한 것을 잘 공유할 수 있는 똑똑한 친구가 한 명만 있어도 큰 도움이 된다. 간식을 나눠 먹으며 그 친구와 서로 배운 것에 대해 말로 풀어서 대화할 수 있다면 더할 나위 없이 좋은 일이다.

필자는 학생들에게, 자신이 배운 것을 친구와 많이 얘기하라고 한다. 그런 대화는 본인이 이해한 것을 글로 옮기는 것만큼이나 '상위인지(메타인지)'를 향상시키는 방법이기도 하다. 상위인지는 효율적 학습 전략의 중요 요소이며, 자신이 습득한 지식을 문장 언어로 서술하는 과정을 통해 향상될 수 있다. 학습을 잘하기 위해서라도 일부러 자신이 공부한 것을 풀어서 설명해보라고 하는데, 친구 사이에 그런 대화가 자연스럽게 이루어진다면 얼마나 좋겠는가?

또한 학습 과정에서 동료 평가peer review는 아주 중요한 교습법이기도 하다. 필자는 꼭 친한 친구 사이는 아니더라도 강의실에서 자주 동료 평가의 방법을 사용하곤 했다. 아이들끼리 서로가 서로의 글을 평가하도록 하는 것이다. 이렇게 서로 비슷한 수준인 또래들이 글을 평가해주는 것은 나름의 구체적인 효과가 있다. 선생님이 수업을 통해서 지식을 알려줄 때, 아이들은 일방적으로 듣는 입장이 된다. 선생님은 암묵적으로 형성되는 선생님-제자 사이의 위계 관계를 해소해주기는 힘들 때도 있다. 하지만 동급인 학생들 사이에 서로 글을 평가해보게 시킨다면, 아이들로 하여금 좀 더 개방적으로 생각하게 하는 또 다른 효과를 볼 수 있는 것이다.

논술을 익힐 때는 자신의 글을 평가 '받는' 것뿐만 아니라, 남의 글을 평가 '해보는' 과정도 필요하다. 동료 평가의 효과는 특히나 친구의 글을 읽고, 그것에 대해 자신의 의견을 얘기해줄 때 더욱 발휘된다. 물론 여기에도 지침이 있다. 동료 평가 활동을 시킬 때는 단순히 자기 생각만 늘어 놓아선 안 된다. 나름의 평가 기준을 제안하고, 그 기준을 중심으로 친구의 글을 평가해보도록 시키는 것이다. 이렇게 다른 사람의 글을 보는 활동은 '자신이 다음에는 어떻게 글을 써야 하는가'에 대한 깨달음을 주게 된다.

실제로 아이들에게 동료 평가 활동을 시켜보면, 친구의 글을 평가하면서 자신이 했던 실수나 잘못까지 떠올리게 되었다는 얘기를 많이 듣게 된다. 다른 사람이 자신의 글을 읽을 때에는 어떤 생각을 하게 될지 입장 바꿔서 알게 되었다는 것이다.

그래서 필자는 개인 코칭이나 1:1 수업 문의가 들어올 때도 일부러 혹시 비슷한 수준의 잘 맞는 친구가 있냐고 물어보곤 했다. 만약 수준이 비슷하고 가정의 경제적 여건 등 현실적 조건이 맞는 친구가 있다면, 사교육이라도 친구 둘이 함께 배울 때 더 많은 교육적 효과를 볼 수 있기 때문이다.

다만 이때 두 아이의 수준이 너무 차이가 나지 않아야 한다. 가르치는 입장에서는 수준이 비슷한 아이가 둘이 함께 있을 때 시도해볼 수 있는 교육적 방법론이 훨씬 많다. 1:1 수업은 나름대로의 효과가 있지만, 기본적으로 논술은 커뮤니케이션이기 때문에 토론을 겸하면 효과가 훨씬 좋아진다. 소통의 대상이 선생님 한 명인 것보다는, 다른 층위에서 소통할 수 있는 또 다른 친구가 있는 것이 추가적인 효과가 있을 것이다.

이렇게 수업에서 적용할 수 있는 것 외에 일상 속에서 필자가 학생들에게 권하는 활동 중의 하나는, 책을 빌려주거나 빌려 읽는 것이다. 본인이 읽고 감명 깊었던 책이 있으면 친구에게 빌려주거나 혹은 한 권을 선물하라고 지도한다. 때로는 이렇게 책을 주고받는 활동이 몇 번의 논술 수업보다 효과적일 수도 있다.

책의 재미있었던 부분, 책의 의미 있었던 부분, 같은 책을 읽었지만 각각 서로 다르게 바라보는 부분 등을 친구와 자연스럽게 대화 나눌 수 있다면, 자연스럽게 논리를 향상시키고 관점을 형성할 수 있기 때문이다. 이렇게 또래 친구와 공통의 학습 활동을 하는 것에는 무척 많은 효과가 있다. 필자가 단짝 친구라는 표현을 썼지만, 물론 그런 친구가 단 한 명일 필요는 없다. 주로는 같은 학교 혹은 학원을 다니며 유사한 반경에 있는 친구는 한두 명이겠지만, 각각 다른 주제와 취미로 대화 나눌 수 있는 친구가 여럿 있다면 더욱 풍부한 교류가 가능할 것이다.

이 장에서 '아이들에겐 또래의 토론 상대가 필요하다'는 얘기를 마치기 전에 마지막으로 중학교 혹은 고등학교 자퇴에 대한 얘기를 해보고 싶다. 필자는 코칭을 진행하며 대안 교육을 받는 학생들이나 홈스쿨링을 하는 아이들도 종종 만나게 된다. 그리고 자퇴를 준비하는 부모님의 질문도 많이 받는 편이다.

그런데 필자는 다른 장에서 사교육과 공교육을 대립각으로 이해하지 않는다고 쓰기도 했지만, 학업이나 교육 자체만을 생각하고 자퇴를 실행에 옮기는 것에 조심스러워야 한다는 생각을 갖고 있다.

아이들이 배우는 교재, 배우는 선생님, 학습 과정만 생각하며 자퇴를 고려하면 놓칠 수 있는 다른 가치도 많다는 것이다.

학교가 갖고 있는 중요한 기능 중 하나는 또래 집단 형성과 사회화라고 할 수 있다. 아이들은 학교에서 친구와 부딪히기도 하고, 화해하고, 소통하고, 사회적 거리와 감정을 익히고, 이런 복잡 다단한 과정을 겪는다. 물론 학교를 백날 다녀도 좋은 친구를 만드는 것은 쉬운 일이 아니다. 하지만 아직 충분한 사회화 과정을 거치지 못하고 '파트너'가 될 수 있는 친구를 만들지 못한 상태에서, 교육 과정만 생각한 자퇴는 더욱 신중해야 한다고 생각한다. 당장 친구가 한 명 있고, 두 명 있는지가 중요하기보다는, 친구를 만들고 관계를 형성하는 방법을 익혔느냐 익히지 않았느냐의 차이가 더 중요하기 때문이다.

실제로 일찌감치 자퇴하고 홈스쿨링을 시작한 아이들 중에 또래 사이의 역동을 많이 경험해보지 못해서 아쉬운 듯한 아이들을 보았다. 물론 좋은 친구는 논술에서만 중요한 게 아니라 인생 전체에서 중요한 존재이며 소중한 자산일 것이다. 아무리 좋은 엄마와 좋은 선생님이 있다고 해도, 아이에겐 그런 또래 친구의 존재 또한 필요하다는 것을 잊어선 안 된다.

◈ 3장 요약 ◈

도서관은 좋은 놀이터이다

- 도서관에 가서 책을 '구경'만 하더라도 놀러가는 것이 낫다. 꼭 '읽어야 한다'는 강박을 갖지 않게 하고 책과 친해지는 과정 중 일부분이라 이해하자.
- 유소년용 열람실은 정말 유익한 '놀이터'이다. 도서관 ID카드(대출증)를 만들고, 행사, 시청각 프로그램, 강연, 커뮤니티 활동을 최대한 활용하자.

'좋은 질문'을 칭찬해주어야 한다

- '질문하기'에 꺼리낌이 없다는 것은 성격에 상관없이 논술형 인간의 큰 공통점이다. 외향적인 아이들은 수업 시간에 손 들고 질문하고, 내향적인 아이들은 수업이 끝나고 슬쩍 교무실에 찾아올 뿐, 모두 질문을 좋아한다.
- 질문하는 태도를 길러주기 위해, 질문했다는 것 자체를 칭찬해주자. 아이들의 능력보다 '알고자 하는 태도'를 칭찬하고, 자기만의 관점으로 문제를 다르게 볼 때 칭찬하자.

목표는 아이가 스스로 설정하는 것이다

- 부모가 최적의 커리큘럼을 짜주는 것보다 더 좋은 방법은, 너무 어렵거나 쉽지 않은지, 적당한 양은 얼마인지, 아이가 스스로 판단할 수 있도록 돕는 것이다.

- 자녀가 판단을 기르도록 돕기 위해서는 오랜 시간을 두고 '어떤 식으로 공부할 때 즐겁니?', '어떤 부분이 흥미롭니?' 등의 질문을 해주어야 한다.
- 학습 목표를 아이가 '선택'해나가도록 하자. 스스로 결정하는 '자기 결정성'과 자신의 상태를 파악하는 '메타 인지'는 자기주도 학습의 필수 요소이다.

완벽주의에서 벗어나야 한다

- 완벽주의는 단기적인 학습 성과에서는 좋을지 모르나, 장기적인 발전에 무척 좋지 않은 성향이다.
- 만약 아이가 완벽주의적 성향이나 '잘해야 한다'는 강박을 갖고 있다면, 은연 중에 부모가 심어준 것일 수도 있다. '못해도 괜찮아, 끝까지 하는 게 중요해' 대화법이 중요하다.
- 창작과 표현에서는 '엉망인 것을 만들어내는 일을 두려워하면 안 된다'고 대화해주고, 더 많은 작은 시도와 도전을 응원해주자.

남들과 다를 수도, 또 같을 수도 있어야 한다

- 자녀의 창의성을 칭찬해주다 보면 자칫 자녀가 '특별함'의 함정과 강박에 빠질 수 있다. 정말 특별한 아이들은 굳이 특별해지려고 애쓰지 않는다.
- 내 아이가 상위 0.1% 천재가 아니라면 '선모범, 후개성' 원칙으로 지도해보자.
- 창의적 결과물은 아이가 괴짜가 되어 갑자기 만들어내는 것이 아니라, 기

존의 것들을 분석적으로 살펴보고 자기만의 차별점을 찾을 때 더 많이 나온다.

한자 공부는 꼭 시켜야 할까

- 어릴수록 한자 공부는 시키는 것이 좋다. 국어를 더 잘 이해하고 활용하기 위해서도 중요하다.
- 고등학교 과정까지 필수 한자 1200~1500자 정도면 충분하고, 그 이상은 선택이다.
- 시험이나 자격증을 위해 공부시키기보다는 '언어'의 관점에서 접근하여 활용 방법과 흥미 찾기를 중심으로 지도하자.

아이들에겐 또래의 토론 상대가 필요하다

- 성공한 논술형 인간들에겐 또래의 토론 상대가 있었다. 아이들이 좋은 친구를 사귈 수 있도록 엄마가 해줄 수 있는 것을 도와주자.
- 동료 평가는 아주 중요한 학습법이다. 또래와 서로의 글에 대한 평가를 주고 받고 대화하는 것은 메타인지 형성에 도움을 준다, 이런 계기를 스터디나 수업을 통해 마련해주자.
- 엄마 입장에서는 관점이 통하는 또 다른 논술형 엄마를 찾고, 그 자녀와 교류하게 하는 것도 좋은 방법이다.

4

논술형 엄마는 소통 방식이 다르다

가끔은 한 번씩 져주어야 한다

한 번은 참 똑똑한데 유독 엄마와 사이가 좋지 않은 남학생을 만난 적이 있다. 중고등학교 때 아들이 엄마에게 반항하는 일이야 빈번한 일이지만, 그 아이의 경우 엄마를 심하게 무시하는 것이 느껴졌다. 엄마와의 관계가 아이의 사고 방식 전반에 부정적인 영향을 미치고 있다는 것을 알 수 있었다.

그런데 필자가 만났던 그 아이의 어머님은, 소위 교양 있어 보이고 친절한 분이었다. 나긋나긋하고 부드러운 말투지만, 자기 할 말은 똑부러지게 하는 똑똑한 어머님이라는 인상이었다. 선생님 입장에서 보기에는 좋은 분처럼만 보였다. 그래서 필자가 학생에게, 엄마의 어떤 점이 가장 불만이냐고 한 번 물어본 적이 있다.

학생의 대답은 이런 것이었다. "엄마랑 얘기하면 결국 무조건 엄마가 옳은 걸로 끝나야 돼요. 가끔 정말로 엄마가 실수하고 제가 맞는 경우도 있는데, 그래도 무조건 엄마 말이 맞아야 돼요. 말이 안 통해요."

아, 어머님에게는 죄송한 얘기이지만, 어머님이 '가짜 논술형 인간'인 경우이다. 얘기를 들어보니, 그 어머님은 아이에게 "네 말도 일리가 있어." 혹은 "이번에는 네 말이 맞네."라고 얘기하기 어려워하는 분인 듯했다. 쉽게 단정지을 수는 없지만, 은연 중에 어머님의 '우기기'가 아이에게 옮아 있다는 것도 느낄 수 있었다.

결국 부모를 가장 닮은 사람은 아이고, 아이 또한 엄마의 싫은 점을 자기도 모르게 닮아가는 경우가 많다. 그 남학생도 참 똑똑하긴 하지만 가끔 자존심을 내세우는 경우를 보곤 했다. 어머님에 대한 얘기를 들으니 그러는 이유를 좀 더 이해할 수 있을 것 같았다. 여담이지만, 그 어머님과 남학생의 외모도 참 닮았던 것으로 기억한다. 서로 비슷한 성격이고 자존심이 센데, 한쪽은 지기만 하니, 지는 학생 쪽에서는 불만이 생길 수밖에 없었던 것이다.

토론이란 항상 어느 한쪽만 이길 수는 없다. 모든 토론이 승패나 우열을 가리기 위해 이루어지는 것은 아니지만, 때로는 근거에 따라 상대방에게 "얘기를 해보니 네 의견이 좀 더 좋은 것 같아."라고 인정할 수 있어야만 진짜 토론이다.

그런데 더욱이 부모 입장에서 아이에게 져주기란 쉽지 않을 것이다. 아이가 엄마를 우습게 알고 기어오르면 어떡하나 걱정이 들기도 하고, 나이 많은 어른으로서 자존심이 상하기도 한다. 하지만 필자는 어머님들께 단호하게 얘기하곤 했다. "어머님, 자녀가 정말 똑똑해지길 바라신다면, 가끔 져줄 수 있어야 합니다."라고 말이다.

필자가 만난 논술형 엄마들은 이런 식으로 얘기하곤 했다. "저는 '정말로 아닌 것'은 엄격하게 아니라고 하지만, 나머지는 자기 마음대로 하게 놔둬요." 이처럼 많은 어머님들은 아이가 생각하고 행동하는 것에 대해 개방성을 갖고 있었다. 아이의 의견을 듣고 인정해주거나, 자기가 정한 선만 지킨다면 자유를 주는 것이다. 한편 자유를 주는 만큼 그 '선'에 있어서는 엄격한 모습을 보일 필요도 있다.

그런데 만약 부모가 아이의 의견을 존중해주는 척하지만, 결과적으로 아이의 의지대로 아무것도 변화하지 않는다면 어떨까? 중간중간 아무리 인정해주는 말을 해도 결말에 가서 자기 뜻대로 할 수 없다면, 아이 입장에선 야속하고 오히려 배신감만 느껴질 것이다. 우리 부모님은 설득되지 않는 사람이라는 좌절만 찾아오고, 부모님이 양면적이라고 생각할 수도 있다.

부모들이 대수롭지 않게 여기고 넘어갔던 것들을 아이들이 마음 속에 담아두는 경우도 많다. 부모가 약속을 어긴 것, 결정적인 순간에 자신을 무시한 것 등등, 특히 성장기의 아이들은 이런 것을 차곡차곡 담아둔다. 성장기는 어른과의 소통을 익히며, 자신의 사회적 자아를 만들어 나가는 시기이기 때문이다.

데시Deci와 라이언Ryan의 '자기 결정성 이론Self-determination theory'에서는 행위자의 노력을 통해서 '결과를 변화시킬 수 있다는 사실'이,

그 사람의 동기부여에 큰 영향을 주고 있다고 설명한다. 더욱이 이는 관계 유지에서도 마찬가지다. 이는 앞에서 여러 교수법에서 자녀의 직접적인 '선택', 스스로 하는 목표 설정이 중요하다고 했던 이야기의 이론적 근거이기도 하다.

그런데 무언가 변화시킬 수 있다는 믿음은 학업 성취뿐 아니라 사람 사이의 관계에서도 비슷하게 작용한다. 자신의 노력으로 상대방의 인정을 획득할 수 있다면, 애착은 강화되고 그 사람과 함께 하는 일에 관련된 동기부여도 강화된다. 하지만 반대로 자신이 아무리 노력하거나 설득해도 상대방이 변하지 않는다면, 그것은 좌절 경험으로 누적된다.

필자는 그래서 항상 '학생에게 넘어가주는 시점'에 대해 명확한 기준을 갖고 학생들을 대한다. 쉽게 칭찬과 인정을 남발해서도 안 되고, 딱 학생이 어느 수준만큼 노력해서 그 기준을 충족시켰을 때 칭찬과 인정의 메시지를 주어야 하는 것이다. 학생들은 자신의 노력이 인정받게 된다면, 감정적 카타르시스와 함께 강한 동기부여를 얻게 된다. 교육 심리의 이론에서 강조되어온 부분이고, 개인적인 체험을 통해서도 일관되게 느껴온 것이다.

그런데 정말로 엄마가 어떤 경우에도 설득되지 않는다면, 아이들은 점차 마음의 문을 닫게 된다. 이러한 경험이 누적되면 단지 엄마와 사이가 나빠지는 것뿐 아니라, 아이의 사고 방식 전반에 부정적인 영향이 싹트게 된다. 외부 세계에 대해 무언가 도전하고 설득하려고 해봐야 소용없다는 무기력감이 학습되는 것이다.

물론 필자는 어머님들의 고충도 잘 알고 있다. 경험상 특히 남자 아이의 경우 심할 것이다. 아이들이 터무니없이 비싼 핸드폰을 사달라고 하기도 하고, 금방 유행에 지나갈 것만 같은 옷을 바라기도 한다. 그래 놓고 엄마는 자기가 원하는 것을 해주지 않고 야단만 친다며 반항하기 일쑤이다.

그때마다 엄마에게 필요한 것은 '아이 스스로 생각하도록 만드는 것'이다. 답을 정해 놓고 그걸 아이에게 밀어 넣으려고 할 필요가 없다. "그건 돼, 혹은 안 돼."만 얘기하는 것이 아니라, 아이가 어른처럼 스스로 생각하고 판단할 수 있도록 타일러야 한다. 그래야 정말 어른스럽게 변한다.

이 책의 다른 장에서도 언급했지만, 아이가 하고 싶은 것 혹은 갖고 싶은 것에 대해 스스로 보고서를 쓰게 만드는 것이 좋은 방법이다. 만약 아이가 물건을 사달라고 떼를 쓴다면, 왜 필요한지, 친구들은 얼마나 갖고 있고, 그래서 내가 가지면 어떤 효용이 있을지 분석하게 시켜야 한다. 또한 그 효용이 그 물건의 가격만큼의 가치가 있는지, 구체적으로 원하는 모델은 무엇이고 다른 것과 비교하여 그것은 합리적인지 등등을 스스로 분석하게 시키는 것이다.

다만 절대 아이와 '거래'해서는 안 된다. '시험 N점 넘으면 OO 해줄게', '네가 ~하면 엄마도 OO할게' 이것은 가장 나쁜 교육 방식이며, 장기적으로 아이들의 학습 동기를 저하시킨다. 아이의 설득에 넘어가고 말고 하는 것이, 단지 물건을 사는 경우에 한정되는 것은 아니다. 아이가 무언가 '하고 싶다'라고 얘기했을 때, 그때가 엄마에겐 가장 중요한 교육의 순간이다. 어딘가에 가고 싶다, 친구와 무언가 하고 싶다, 이렇게 '하고 싶다'고 자녀가 얘기하는 순간들이 긴장하고 교육에 대해 고민해야 하는 순간이다.

잠시 논의가 아이들이 바라는 것을 들어주느냐 마느냐에 대한 것으로 한정된 것 같지만, 좀 더 포괄적으로 이것은 아이와의 모든 대화, 특정 주제에 대한 토론, 의견 교환에서도 마찬가지로 적용되어야 하는 규칙이다. 아이가 노력하고 준비하여 합리적으로 엄마를 설득하면, 엄마가 설득되는 사람이라는 것을 알려주어야 한다. 말로 알려주는 것이 아니라, 행동으로 보여주어야 한다.

그렇다고 '답정너(답은 정해져 있고 너는 말만 하면 돼!)'를 하라는 얘기가 아니다. "엄마는 네 근거가 충분하면 네 말을 들을 거야, 하지만 네 말이 지금 정말 그렇다고 생각해? 정말? 엄마는 네 생각이 틀린 것 같은데? 엄마 말이 맞지 않아?"라고 끝까지 엄마가 원하는 답을 들을 때까지 아이를 몰아붙이는 분들도 있다. 엄마의 자기 기준에 맞춘 '답정너'는 대표적인 가짜 논술형 인간의 모습이며, 나쁜 양육 태도이다.

설령 아이의 판단과 결정이 절대적 기준에 미치지 못한다고 해도, 그 노력의 양을 보고서 넘어가 주어야만 할 때도 있을 것이다. 그렇게 아이의 한계를 관찰하고 파악하는 것도 엄마의 역할이다.

그렇게 몇 번 아이의 설득에 넘어가 준다면, 아이가 점차 노력하는 모습을 볼 수 있을 것이다. 필자는 이런 식으로 학생이 변하는 것을, 중학생이든 고등학생이든 여러 차례 보았다. "네가 노력한다면 어떤 논의에서는 네가 선생님을 이길 수도 있어."라는 단서를 주는 것이다. 어머님들도 만약 이렇게 '때로는 한 번씩 져주면서' 설득 당하는 모습을 보여준다면, 당장은 자녀의 이야기가 모두 탐탁치는 않다고 하여도, 최소한 다음 번에 아이가 또 노력하는 모습을 보게 될 것이다.

아이는 조금씩이지만 엄마를 설득하려 하고, 자기 스스로 반성하고 분석적으로 생각하려고 할 것이다. 그러면 그때 엄마도 점점 '기준'을 높이면 된다. "너도 한 살 더 먹었으니, 예전보다 더 엄격한 기준이 필요해. 나이를 먹을수록 더 책임감이 필요하거든."이라고 말해주면 된다. 이때 일관성 없이 그때그때 자기 편한 결론만 취하는 엄마가 되어선 안 될 것이다. 소탐대실해선 안 된다. 나쁜 논리와 안 좋은 습관은 모두 자녀에게 그대로 옮는다.

필자가 당장 당위적으로 어머님들이 지켜야 할 것들에 대해서 늘어 놓았지만, 무엇 하나 쉽지 않다는 것은 잘 알고 있다. 중요한 건 첫 번째는 '아이의 말보다 내 말이 항상 옳아야 한다'라는 엄마 스스로의 고정관념에서 벗어나는 것, 그를 통해서 가끔 져주는 엄마가 되는 것이다. 두 번째는 엄마 스스로의 분명한 '기준'을 설정해두고, 아이가 노력하는 정도에 따라서 져줄 수 있어야 한다는 것이다. 모든 과정은 네가 옳은지 내가 옳은지를 따지는 것이 아니라, 아이가 스스로 생각하고 무언가 판단할 수 있도록 그 절차를 연습시키는, 길고 어려운 교육 과정의 일부분이다. 엄마 스스로 이러한 교육 과정에 대한 인식이 있어야 할 것이다.

그렇게 가끔 져주는 엄마는, 무언가를 설득하고자 할 때 합리적이고자 노력하는 아이를 보게 될 것이다. 무엇보다 좋은 점은, 자녀도 가끔 엄마에게 져주는 자녀가 된다는 것이다. 상황과 조건에 따라 얼마든지 서로의 의견에 따라줄 수 있다는 것이 합의가 되면, 가끔은 엄마의 설득에 넘어가주고 엄마에게 져주는 아들딸의 모습을 보게 될 것이다. 이렇게 어머님이 '져주었던' 것들은 한참 시간이 흘러 엄마에 대한 더 큰 존중으로 돌아오게 되는 것이다.

바보 같아 보여도
자녀의 행동을 존중하라

종종 자녀가 추구하는 것들이 바보 같다고 여겨질 때가 있다. 그것은 당연하고 자연스러운 일이다. 아이들은 말 그대로 아이일 뿐이고, 부모는 어른 아닌가. 하지만 더욱이 부모이기 때문에 아이들의 바보 같은 행동을 지지하고 존중해줄 수 있어야 한다. 그것이 아이의 자존감을 키워줄 수 있는 길이기 때문이다.

아이의 행동이 축구부나 방과후 클럽 활동이 되었든, 악기 연습이 되었든, 혹은 좀 더 우습게는 유행에 따라 패션에 민감해지고 또래들에게 잘 보이기 위해 애쓰는 일이더라도, 부모는 그런 다양한 모습을 응원해줄 수 있어야 한다. 왜냐하면 그것이 여러 일에 대한 관심과 호기심, 그리고 자기주도적 성격을 길러줄 수 있는 일이기 때문이다.

모든 바보 같은 행동을 지지하고 존중하라는 이야기는 아니다.

'그것이 자녀가 분명하게 하고 싶은 일일 경우'에 지지하고 존중해야 한다는 이야기이다. 그런 식으로 아이들이 원하는 것을 존중하는 과정을 통해서, 아이들이 '하고 싶은 것'의 총량을 늘려주어야 한다. 반대로 아이들이 하고 싶어 하는 것을 우습게 여기거나 금지시킨다면 아이들의 '하고 싶어 하는 것의 총량'도 줄어든다. 이것이 중요하다, '하고 싶어 하는 것의 총량'.

아무리 하찮은 것이라도 자기가 원하는 것을 찾는 모습이 존중받을 때 아이들은 자신의 삶에 더 많은 욕심을 갖게 된다. 반대로 어른의 반대에 부딪히고 꺾이는 경험이 누적되면, 새로운 것을 추구하는 성향도 줄어든다. 자기 삶에 욕심이 많고, 하고 싶은 것이 많은 아이들이 학습에서도 대개 성공한다. 욕심 많은 아이들이 더 많은 동기부여를 얻고, 결과적으로는 학업 성취를 이끌어낸다.

다른 영역에서 전혀 의지나 욕심이 없는 아이들이 공부에서만 의지와 욕심을 갖기는 쉽지 않다. 쉽지 않은 정도가 아니라 거의 불가능하다. 이 말을 꼭 기억하시기 바란다. 다른 것에는 관심 없고 공부에만 관심 있기를 바라는 것, 이것이 부모들의 착각에서 비롯되는 생각이다.

필자가 만난 논술형 인간인 아이들은 정말 의지와 욕심 있는 아이들이 많았다. 하고 싶은 것이 뚜렷하고 공부 외에도 관심사를 갖고 있으며, 그렇기 때문에 공부도 하게 되는 것이다. 즉, '하고 싶은 것'에 대한 에너지의 총량 자체가 큰 것이다. 반면에 장래 희망도 불

분명하고, 뭘 해야 할지도 모르겠고, 세상살이에 관심도 없는 아이들은 학교 생활도 학원 공부도 무기력하다. 다른 것에는 무기력하면서 공부에만 활력이 넘칠 수는 없는 것이다. '진짜로 공부를 잘하는 영리한 아이들은 놀기도 잘한다'라는 말은 충분히 일리 있는 말이다.

그런데 때로는 '아이를 아이인 것처럼 대하지 말라'는 얘기를 듣는데, 여기서는 또 아이는 어리니까 이해해주어야 한다는 얘기를 하고 있으니, 모순이라고 느끼는 어머님들이 있을 수도 있다. 중요한 점은 동등한 시선에서 존중해주어야 하는 부분이 따로 있고, 부모로서 너그럽게 이해해주면서 존중해주어야 하는 부분이 따로 있다는 것이다. 그 차이를 이해해야 한다.

동등한 시선에서 존중해주는 것은 '인정'이면서 '동의'에 가깝다. 이것은 주로 아이의 의견과 주관에 대한 것이다. 아이가 자신만의 생각을 발전시키고 주관을 지닐 수 있도록 '인정'해주는 것이다. 이렇게 아이의 생각을 인정할 때는 아이를 나와 동등한 한 명의 인격체로 생각해야 한다. 아이들도 모두 나름의 가치관과 판단 근거를 갖고 있기 때문이다. 그만큼 아이들에게 자신의 판단에 대한 책임을 요구할 수도 있다.

반면 아이의 '행동'에 대해서는 조금 어린 아이처럼 취급하며 이해해줘도 괜찮다. 오히려 더 자주 응원해주고 격려해주는 태도가 필요하다. 이것은 의견이나 관점에 대한 것이 아니라, 아이들이 하루하루 벌이는 사건에 대한 것이다. 당연히 아이들은 그 또래에 맞는 행동을 하게 된다. 시간이 지나면 자신이 어리석었다는 것은 아이들도 다 알게 된다. 그걸 알게 되는 것이 성장이다. 반면에 어떤 행동에 대한 가치 판단을 부모가 모두 대신해준다면 스스로 반성할 시점이 없어진다.

이렇게 아이의 여러 행동을 지지하고 존중해주는 과정을 통해, 아이의 관심사를 넓혀 주어야 한다. 논술형 인간의 특성 중 하나는 바로 그런 폭넓은 관심사이다. 그것은 흔히 얘기하는 T자형 인간의 기본 속성이기도 하다. T자형 인간은 여러 분야에 대해 교양을 갖추고 있는 제네럴리스트이면서, 특정한 하나의 분야에는 전문가인 스페셜리스트를 뜻한다.

여러 분야를 넘나들며 다양한 지식을 추구하는 태도는 역시나 어려서부터 길러져야 하는 것이다. 아직 자신의 온전한 적성과 관심 분야를 발견하지 못한 아이들이며 어린 나이일수록, 여러 분야에 기웃거려 보아야 한다. 아이가 그렇게 될 수 있도록 도와주는 부모님의 태도는 '이것 하지 마, 저것도 하지 마' 하는 태도가 아니라 '별 것 아닌 일'에도 긍정과 격려를 보내주는 태도라 할 수 있다.

또한 아이의 바보 같아 보이는 행동도 지지하고 존중해야 하는 이유는, 부모가 자기도 모르게 부모의 시선에 '갇혀'버릴 수도 있기 때문이다. 이런 측면에서 부모가 주의해야 할 함정이 있다.

첫 번째는 부모가 하는 현재 시점의 판단이 항상 옳지 않을 수도 있다는 것이다. 예를 들어 설명하면 간단하다. 필자가 접했던 한 학생은 고등학생인데 곤충에 관심이 많았다. 처음에는 인터넷에서 글 몇 개를 찾아보고, 실제 곤충을 잡아오는 장난을 치던 것이 전부였는데, 나중에는 직접 카메라를 들고 다니며 곤충 사진을 찍어 인터넷 게시판에 올리는 수준까지 되었다. 벌레라니, 특히 어떤 엄마들이 보기에는 끔찍해 보이는 취미일 수도 있다. 그 아이의 어머님도 처음에는 기겁을 하며 아이를 걱정했다고 한다. 하지만 워낙 아이가 흥미를 보여서 일부러 말릴 수도 없겠다는 생각에 그대로 두었다고 한다.

그런데 곤충에 대한 취미가 어느새 생물 과목과 생명과학 분야에 대한 관심으로 발전하게 된 때가 왔다고 한다. 곤충의 생태에 관심이 많았으니 다른 과학 과목에 비해 생물에 더욱 관심이 갔던 것이다. 아마 그런 관심 덕에 생물 과목을 더 자신 있는 과목이라 생각하게 되었을 것이고, 그런 흥미가 공부를 계속 이어 나가게 했을 것이다. 이 곤충 소년의 결말은 무엇일까?

그 아이는 결국 수시전형을 통해 생명과학 계열로 대학에 입학하게 되었다. 필자가 직접 가르친 학생은 아니지만 필자가 일한 학원에서 실제로 있었던 일이며, 이 곤충 소년의 사례는 적성 계발의 좋은 사례이기도 하다. 아마 분명히 자기소개서나 면접의 지원 사유에 곤충에 관련된 자신의 관심과 열정에 대한 얘기를 적었을 것이다. 만약 어렸을 때 그게 무슨 바보 같은 일이냐고 곤충은 그만 찾아보고 공부나 하라고 다그쳤다면, 과연 그 아이는 생명과학 계열로 대학에 갈 수 있었을까. 물론 대학의 문제가 아니라 아이가 자신이 즐거워했던 관심사를 학업과 연결시켰다는 데 더 큰 의미가 있을 것이다.

두 번째로 아이의 '바보 같아 보이는' 행동을 지지하고 존중해야 하는 이유는, 바로 부모와 자녀 사이에는 항상 상당한 세대 차이가 있기 때문이다. 그 세대 차이만큼의 가치관 차이가 있을 수 있다는 것을 부모가 먼저 인정해야 한다. 종종 아이가 창의적인 시도를 하려는 기미가 보이는데도 부모님이 보수적인 관점을 갖고 있어서 그런 것을 금지시키는 모습을 볼 때면, 선생님으로서 옆에서 안타까울 때가 있다.

필자가 보았던 구체적 사례 중의 하나는 바로 인터넷 이용과 미디어를 대하는 부모님의 태도였다. 한 학생은 포털 사이트의 블로그를 운영하고 있었는데, 감성적인 글을 스크랩하거나, 자기 일상을 써서 올리는 것 같았다. 한편으로는 자신이 읽은 책에 대한 생각을 쓰기도 하고, 필자가 보기에는 아주 좋은 습관이라 생각했다.

그런 블로그 활동을 잘 지도해준다면, 자신의 글을 꾸준히 인터넷에 써서 올리는 과정을 통해 글쓰기에 동기부여도 되고, 문장력에도 여러 효과가 있으리라 생각했다. 물론 가끔 자기가 좋아하는 연예인 얘기를 쓰거나 사진을 올리기도 하지만, 10대 여학생이라는 점을 생각해보면 당연한 일이었다. 인터넷에 글을 써서 올리는 것은 물론 장단점이 각각 있다. 이를테면 비속어나 비형식적인 문체에 물들지 않도록 지도해주는 것도 중요하다.

하지만 큰 틀에서 보면, 필자는 블로그 운영이 금지할 일이기보다는 그것을 바탕으로 학습과 연결시킬 계기가 많다고 본다. 그런데 어떤 부모님은 전혀 다른 생각을 갖고 있었던 것이다. 인터넷을 하느라 시간을 쓰는 것 자체가 못 마땅하셨고, 거기에 글을 올리는 것은 학습과는 전혀 상관 없는 일이라는 생각을 갖고 계셨던 것이다. 이러한 온도차는 부모님이 먼저 세대 차이를 극복하고 아이를 이해해주어야 하는 부분이다.

필자가 이 책의 다른 장에서도 얘기했지만, 지금 어린 세대들에게 뉴미디어어의 활용은 당연한 것이며, 금지시키기보다는 더욱 잘 사용하는 방법을 가르치는 쪽이 좋다. 블로그에 글을 올리고 블로그 이웃끼리 메시지를 주고받거나, 덧글을 주고받고 소통하는 것은, 수십 년 전의 10대 여학생들이 편지로 펜팔을 주고받거나 손글씨 쪽지를 주고받던 것과 크게 다르지 않다. 매체의 형태만 변화되었을 뿐이다. 그럼에도 부모님이 막연히 온라인 인터넷 매체에 부정적인 생각을 갖고 있다면 아무래도 세대 차이라는 생각을 할 수밖에 없게 된다.

이렇게 아이들의 바보 같아 보이는 일들도 존중해주는 것이 아이 생각의 폭을 키우는 동시에, 스스로 아이가 자신을 돌아보며 성장하게 하는 길이다. 물론 상황이 이상적이지만은 않을 것이다. 아이를 풀어 놓는다고 해서 다 스스로 반성하지도 않을 것이고, 통제하려고 했다가는 아이와 쉽게 부딪힐 수도 있다. 이때 부모에게 필요한 것은 일관되고 분명한 '기준'이다. 어느 선까지는 자유롭게 놔두고 스스로 판단하고 책임지게 하되, 결코 넘어선 안 되는 선에 대해서는 분명하고 엄격하게 하는 것, 그 기준을 아이에게 분명히 알려주는 것, 이 정도의 태도라면 현실의 어려움도 노력을 통해 조율해 나갈 수 있을 것이다.

'커서 하면 돼'는 소용없다

엄마들이 자녀에게 참 많이 하는 말 중의 하나가 "대학 가서 하면 된다", "우선 공부부터 해라" 같은 말들이다. 많은 엄마들이 자기가 어릴 때도 그런 식으로 교육을 받고 자랐기 때문에, 자신도 모르게 그런 말을 해버리는 경우가 많다. 하지만 그런 말들은 소통의 문을 조금씩 닫게 만드는 말 중의 하나이다. 아이들의 동기부여를 저하시키기도 한다.

그 말에는 자연스럽게 어린 아이들의 현재를 평가 절하하는 프레임이 포함되어 있다. 대학 이후의 삶만이 가치가 있고, 현재의 도전이나 취미 따위는 모두 가치 없다는 듯 들리기도 한다. 중고생의 경우 하루하루 공부가 힘들기만 한데, 저 멀리 수년 후의 대학생활을 위해 지금의 시간을 희생해야 한다면 과연 아이들이 쉽게 납득할 수 있을까.

무엇보다도 '커서 하면 돼'라는 말은 자칫 부모의 생각마저 스스로 한정지을 수 있다. '현재의 도전'으로는 좋은 경험을 얻을 수 없다는 생각에 부모와 자녀 모두 갇혀버리는 것이다. 하지만 모든 나이대에는 그에 맞는 도전이 있다.

아이들이 하고 싶어 하는 것을 모두 들어주라는 얘기는 아니다. 아이가 하고 싶은 미래형의 꿈을 현실에 맞게, 현재의 도전으로 바꿔주는 것도 부모의 역할이라는 얘기이다. 그렇게 하면 '커서 하면 돼'라는 프레임은 자연스럽게 '그럼 지금은 무엇을 해볼 수 있을까?'라는 프레임으로 바뀐다. 좋은 부모에게 필요한 것은 답을 내려주는 역할이 아니라, 아이가 스스로 질문을 찾아 나가도록 함께 대화해주는 일이다.

이를테면, 아나운서가 꿈이라고 하는 학생이 있다고 생각해보자. 부모 입장에서, 공부를 열심히 해야 한다느니, 대학 가고 나서 고민해도 된다느니 얘기해주는 것은 자녀의 발전에 큰 도움이 되지 않는다. 물론 어른들은 아나운서라는 직업을 갖기가 현실적으로 얼마나 어려운 것인지 잘 알고 있다. 하지만 그것은 '어른의 눈'으로 현실성을 판단한 것일 뿐이고, 그런 현실의 잣대로 자녀의 꿈을 하찮게 보아선 자녀에게도 별로 도움이 되지 않는다.

반면에 좋은 엄마들은 자녀의 소망을 자연스럽게 생활 속의 학습으로 이끌어낸다. 자녀가 초등학생이라도 "그래? 아나운서가 되려면 시사 상식에 대해서도 잘 알아야 해"라고 얘기하며 학습에 대한 자극을 주거나, "아나운서는 요약해서 전달하는 능력이 중요한데, 뉴스 보고 브리핑 한 번 해볼래."라고 얘기할 수도 있다. 점차 성장함에 따라 스피치와 발음, 발성에 대해서 찾아보고 연습해보도록 권하거나, 학교의 조별 과제에서 훌륭한 발표자가 되도록 격려해볼 수도 있다.

더 나아가서는 중학교 이후로 교내 방송반 활동을 할 수도 있고, 말하는 능력을 살려서 학생회장에 출마해볼 수도 있다. 이러한 경험들은 자녀가 성장한 후에 꼭 아나운서가 되지 않더라도 어떤 일을 하든 좋은 자산이 되는 경험들이다.

물론 아이들의 꿈은 자주 바뀐다. 수개월이 지나면 꿈이 바뀌어 있고, 심지어 어제 오늘이 다르기도 하다. 하지만 그것은 아주 자연스러운 일이다. 원래 성장 과정 자체가 진로를 탐색하고 무엇을 좋아하는지 알아가는 과정이기 때문이다. 그것을 두고 계속 새로운 생각을 갖는다고 하여 끈기가 없다거나 꿈이 가볍다고 생각하는 데 그쳐선 안 된다.

오히려 수시로 바뀌는 꿈이나 목표를 잘 활용하여, 그때그때 여러 방면의 학습을 이끌어내는 부모도 있기 때문이다. 보통의 부모들은 자신의 소망을 자녀에게 투영시키거나, 자녀가 하고 싶어 하는 일을 하찮게 여기는 경우가 많다. 하지만 자녀가 모처럼 하고 싶은 일을 갖게 되었다면, 그것이 설령 조만간 바뀌게 되는 것이라 할지라도 그 의지를 자연스럽게 학습으로 이끌어갈 수 있다.

다른 예를 들어보면, 특히 남학생들은 한 번쯤 과학자라는 꿈을 거쳐간다. 로봇과학자가 되고 싶다거나, 생명공학자가 되고 싶다고 하는 등 구체적인 꿈을 갖게 되는 경우도 있다. 이 또한 단지 아이들의 '지나가는 장래희망' 정도로 치부하고 '공부나 하렴'으로 일관하는 부모가 있고, 자연스럽게 아이들의 탐구 활동이나 교과 학습으로 이끄는 부모가 있다.

과학 관련 경진대회에 도전시킨다든가, 관련 박람회를 방문하고, 특히 과학 서적 등을 통해 지식을 가까이하게 된다면 이러한 경험들은 장기적으로 학습에 긍정적인 영향을 준다. 스스로 흥미를 갖고 접한 경험이기 때문에 이런 활동은 아이들에게 '공부'가 아니라 '탐구'에 가깝고, 이후의 학습에 동기부여와 사전지식 측면에서도 도움이 된다.

아나운서나 과학자의 예시는, 모두 필자가 교육 현장에서 자주 들어보았던 얘기들이다. 논술형 인간인 아이들의 공통점 중 하나는 고등학생을 마칠 즈음에는, 그렇게 남들과 비교되는 독특한 경험을 갖고 있다는 것이다.

그 경험들은 특별히 예외적이고 대단한 것이라기보다는 작은 소망이나 활동이 발전해서 이루어진 것들이었다. 특히 논술형 아이들과 많은 대화를 나누다 보면 필자인 선생님조차도 "너 그런 것도 해봤어?" 싶은 일들도 많았다. 많은 것들은 부모님의 관심과 지원으로 만들어진 것이었다. 자신의 장래희망이나 꿈이 원동력이 되어 무언가 공부하거나 시도해보았던 경험들을 갖고 있는 아이들이 많았다.

몇몇 부모님들의 입에서 "대학 가서 하면 된다", "우선 공부부터 해라"가 먼저 나오는 이유는, 그 부모님들 스스로가 그 외에 다른 어떤 교육적 접근이 가능한지 잘 모르기 때문이다. 또한 자신이 잘 모르는 분야에 대해서 부모님 스스로가 심리적 부담을 느끼기도 한다. 부모 입장에서 먼저 진입장벽을 느껴버리는 것이다.

잘 모르는 것을 아이에게 시켜서 괜한 금전적 비용이 들지도 모른다는 걱정이나, 자신이 통제할 수 없는 분야에 대한 막연한 거부감도 있다. 아이가 공부에 흥미를 잃고 다른 길로 빠지게 된다거나, 다른 부작용이 생긴다는 두려움도 있다. 탐구활동보다는 교과 공부가 우선처럼 보이는데, 너무 다른 것을 많이 하면 방해가 될까봐 걱정이 들기도 할 것이다.

하지만 필자는 너무 걱정하지 마시라고 자신 있게 말씀드릴 수 있다. 아이들이 다른 탐구 활동이나 체험 활동에 심취하여 공부에 흥미를 잃는 경우는 드물다. 오히려 자기가 하고 싶은 일이 분명해지고 장래의 꿈이 구체화될 때 학습 전체에 더 큰 동기부여를 받는 경우가 많다.

아이들이 공부에 흥미를 잃는 경우는 공부 자체 때문이지 다른 것 때문이 아니다. 공부에 흥미를 잃는다면, 너무 어려울 때, 반복되어서 지루할 때, 자신의 노력이 제대로 성과로 나타나지 못했을 때 등등 공부 자체인 경우가 훨씬 많은 얘기다. 그런 문제를 덮어두고 괜히 취미나 관심사 탓을 해선 안 된다. 탐구 활동이나 체험 활동을 교과 학습이나 논술로 이끄는 것은 부모의 역량이며, 역효과를 먼저 두려워할 필요는 없다는 것이다.

한때 세계 최고의 부호 자리를 지켰던 빌 게이츠, 이후에 그 대항마로 떠오르며 혁신의 아이콘이 되었던 스티브 잡스, 이런 성공한 기업가들을 보면 청소년 시절부터 의미 있는 도전을 해보았다는 공통점이 있다. 스스로 어리다는 틀에 갇혀 있는 것이 아니라, 그 나이대에서 할 수 있는 최선에서 무언가를 시도해보았다는 것이다.

여러 위인들의 전기를 보면 어려서부터 남다른 시도를 했던 이야기들이 나온다. 물론 애초에 타고난 재능이 있었기에 일찌감치 그런 특별함을 드러낸 것일 수도 있다. 하지만 역으로 어린 시절에 하나씩 도전해보고 체험해보았기 때문에, 점차 그것이 큰 성취로 이어진 것일 수도 있다.

논술형 아이들의 공통점은 앞서 얘기했듯이 고유의 체험을 갖고 있다는 것인데, 더 자세히 살펴보면 그 안에 나름의 '성취'와 '완결'을 갖고 있다. 똑같이 피아노 학원을 오랫동안 다녔다고 해도 단지 체르니40번까지 쳐보았다고 얘기하는 것과 피아노 콩쿠르에 도전을 해보았다는 것은 다르다.

영어 말하기를 열심히 해도 그냥 학원 다닌 것에서 그치는 것이 아니라 영어 말하기 대회에서 학교 대표로 시市대회까지 나가본다든가, 그 또래에서 할 수 있는 나름의 도전들이 있다. 꼭 그런 데에서

상을 받아야만 성취와 완결은 아니다. 다만 도전 자체 속에서 아이들이 무언가 경험하고 느낀다는 것이 중요하다.

필자가 지도했던 고등학생 중에는 선생님의 지도 없이 직접 학술 동아리를 만들고 운영해본 아이도 있었고, 교외에서 사회적 기업 수준의 봉사 단체를 만들어서 언론에 기사가 났던 아이도 있었다. 그리고 발명 동아리에 참여하면서, 스마트폰 어플리케이션을 만들었던 아이도 있었다. 참고로 앞서 언급한 모든 사례의 아이들은 본인의 활동을 발판 삼아 수시 전형으로 대학에 입학했다. 부모님들이 등 떠밀어서 한 것이라기보다는, 어려서부터 과외활동을 아낌없이 지원해준 끝에 아이들 스스로 얻은 결과이다.

어머님들에게 강조하고 싶은 하나의 원리는, 바로 '바늘 도둑이 소도둑 된다'는 것이다. 작은 꿈을 꾸고 도전해본 아이들이 결국 큰 일을 해낸다. 집안마다 사정은 다르겠지만, 결국 작은 성취에서 시작하여 큰 성장을 얻은 아이들 뒤에는 그것을 응원해주는 좋은 부모와 선생님이 있었다. 그러니 논술형 엄마로 가는 가까이 가는 길에 이 말을 꼭 기억하셨으면 한다. '커서 하면 돼'는 소용 없다. 모든 나이에는 그에 맞는 도전이 있다.

공부는 잘해도 못해도
'자녀의 인생'

공부는 당연히 '엄마와의 일'이 아니라 '자녀의 인생'이다. 논술형 엄마들의 핵심적인 공통점 중의 하나는 '공부는 자녀의 일'이라고 얘기한다는 점이었다. 논술형 엄마들은 자녀의 공부가 엄마와의 이해관계가 아니라 자녀의 인생이라는 것을 인정하고, 그에 맞게 행동한다. 자녀가 공부를 열심히 하지 않아도 "그건 네 인생에서 뒤쳐지는 거지, 엄마는 상관없어"라고 호기롭게 얘기한다거나, 자녀가 공부를 잘해서 좋은 성적을 받아와도 칭찬은 해주되 "공부 잘하면 네 인생에 좋은 거지, 엄마한테 좋은 게 있겠니"라는 식으로 얘기한다는 것이었다.

논술학원에 앉아서 상담을 하다 보니, 이미 학원 문을 열고 들어올 때부터 '자신의 인생'으로서 학원을 다니는 아이가 있었고, '엄마와의 일'로 학원 문을 두드리는 아이가 있다는 점을 발견했다. 먼저 자기가 논술 공부를 하고 싶어서 찾아오는 아이들은, 상담도 수월하다. 입시 걱정을 스스로 하다 보니 논술을 미리 공부하고 싶기도 하고, 다른 친구들도 시작하니까 자신도 학원을 다녀보고 싶어서 오는 경우, 상담 태도에서부터 차이가 느껴진다. 이런 아이들은 학원을 알아보는 것도 엄마가 하는 것이 아니라 아이가 인터넷을 검색해보거나 친구들 얘기를 들어보고 찾아오는 경우가 대부분이다. 이 경우는 논술이 왜 중요하고 필요한지를 아이들이 이미 알고 있다. 실제 강의실에서 가르쳐봐도 초반 학습 태도가 이미 다르다.

하지만 '엄마와의 일'로 학원에 오는 아이들도 있다. 이들에게는 논술이 왜 중요하고 필요한지를 먼저 설명하고 설득하는 것에서부터 시작해야 한다. 상담에 많은 시간을 써야 하고, 그런 동기부여를 이끌어내기 위해 선생님도 에너지를 소모해야만 한다. 이렇게 서로 다른 두 경우의 차이는 어디에서 나오는 것일까? 필자는 어려서부터 엄마들이 자녀를 어떻게 대하고 대화했는지에 따라 조금씩 차이가 벌어지기 시작했다고 본다.

필자는 계속해서, 아이의 의견을 존중해주어야 한다는 점을 강조하고 있다. 아이와 가능한 눈높이를 맞추고 대화하는 것이 기본이지만 그것도 쉬운 일이 아니다. 또 어떤 때는 동등한 듯 행동해야 하고, 또 어떤 때는 엄마로서 그리고 어른으로서의 너그러움도 발휘해야 하고 여간 어려운 일이 아니다. 하지만 언제 아이를 전적으로 존중해야 하는지 구분하는 것은 사실 별로 어렵지 않다.

'자녀의 인생'에 대해선 모두 동등한 시선에서 존중하는 것, '엄마와의 일'에 대해선 어른의 입장에서 항상 너그러울 것, 이 두 가지만 기억하면 된다. 이런 것들을 구분하는 사고방식에 익숙해진다면, 언제 아이들을 독립적인 존재로 대하고, 언제 너그럽게 아이처럼 대하며, 언제 엄격하고 냉정하게 대해야 하는지 구분이 조금 더 수월해질 것이다.

예를 들어, 자녀의 친구 문제, 그것이 남자 친구나 여자 친구 같은 이성 친구가 되었든, 친구가 싸운 일이건, 친구들과 함께 놀러가기로 한 일이건, 그 모든 것은 '자녀의 인생'이다. 항상 자녀의 입장을 존중하고, 자녀의 선택이 어린 아이 같고 귀여울지라도 함부로 우스워하거나 어리게 보아선 안 된다.

조언의 말을 하거나 주의사항을 알려줄 수는 있지만 아이의 생각과 판단에 대해 부모가 먼저 '옳다, 그르다'를 얘기하는 것은 좋지 않다. 특히 친구와의 교우 관계 등의 일에 대해선 자녀가 조언을 청하기 전에 먼저 엄마가 끼어 들어선 안 된다. 아이들 성장의 중요한 사회화 과정이기 때문이다.

가끔 극성맞은 엄마들이 있다. 아이들 싸움에 엄마가 끼어들어서 상대편 아이에게 사과를 받아낸다거나, 아이가 당한 일을 엄마가 대신 가서 화를 내는 경우가 있다. 당장은 엄마의 속이 후련할지 모르겠지만 아이의 성격 발달에 결코 좋은 영향을 주지 못하는 일이다. 자녀가 어린 때일수록 자기도 모르게 아이의 삶에 관여하게 되는 엄마 마음도 이해는 된다. 물론 아이에게는 '도움이 필요할 경우 도움을 청하라'고 얘기할 필요는 있다. 하지만 대부분의 경우 엄마는 '자녀의 인생'에 대해선 가능한 스스로 해결하길 속으로 응원하고 있어야 한다. 그것이 장기적으로 보았을 때 아이들의 주체성을 길러주는 일이다.

유행에 따른 옷이나 신발을 사거나, 친구 그룹을 만들거나, 이루기 어려워 보이는 꿈을 갖거나, 그것은 모두 '자녀의 인생'이다. 이 구분은 어렵지 않다. 자녀가 하고 싶어서 하는 일은 모두 '자녀의 인생'이다. 하고 싶은 일이 생겨서 한참 그것이 꿈인 것처럼 얘기하다가, 이내 그것을 포기하는 것까지도 모두 자연스럽게 '자녀의 인생'이다. 세대 차이가 나고, 아이가 엄마의 뜻대로 따르지 않아 답답한 부분이 있다고 해도, '자녀의 인생'을 존중해줄 때 결국 아이가 성장할수록 더 깊은 소통을 이끌어낼 수 있을 것이다.

하지만 어렵고 애매한 문제는 여기에서부터 시작한다. 그럼 엄마가 아이를 학원에 보내는 것을 '자녀의 인생'이라고 할 수 있을까? 한 발 더 나아가서, 자녀의 입장에서 한 번 생각해보자. 엄마가 바라는 자녀의 행동, 엄마가 해주고 싶어서 자녀에게 시키는 것들, 이런 것을 자녀는 '자신의 인생'이라고 받아들일까? 답은 '아니오'이다.

엄마는 "다 널 위해서 하는 거야"라고 얘기하겠지만, 수많은 자녀들은 스스로 시작하지 않은 일을 '자신의 인생'이라고 쉽게 받아들이지 않는다. 자녀에게는 자기 의지가 움직여서 시작한 일이 아니라면, 엄마가 먼저 얘기를 꺼내서 시작된 것들은 대부분 '엄마와의 일'이 된다. 어떻게 시작하게 되었느냐, 이것이 '자녀의 인생'과 '엄마와의 일'의 가장 큰 차이다.

물론 엄마와의 약속으로 하게 되는 '엄마와의 일'도 때로는 활용할 필요가 있다. 운동을 싫어하는 아이에게 건강을 위해 약간의 운동을 시킨다거나, 당장은 동기부여가 없는 외국어 공부를 시킨다거나, 약간은 보상과 약속을 통해 아이들을 움직일 수도 있다. 하지만 자녀에게 본질적인 학습 과정과 자기계발이야말로 '자신의 인생에 있어 중요한 부분'이라는 점을 자각시켜주는 것이 중요하다.

이를 위해서는 앞서 얘기했듯이 '자녀의 인생'을 기본적으로 존중해주며, 공부가 '엄마와의 일'이 되지 않도록 일정 거리를 두는 것도 필요하다. 엄마가 시켜서 공부를 한다거나, 엄마를 위해서 공부를 하는 것은 당장은 시험 성적에 효과가 있을지 모르지만, 아이의 평생 습관에서는 아주 좋지 못한 일이다. 그렇게 거리를 둔 후에는 자녀들이 스스로의 삶에 책임감을 갖도록 이끄는 것이 필요하다.

필자는 새로운 반을 맡게 되면 꼭 이런 말을 한다.

"저는 여러분을 어린 아이로 보지 않습니다. 솔직히 말하면, 내가 여러분 나이였을 때는 그래도 제법 나름의 생각이 있었던 것 같아요. 무엇이 옳은지, 무엇이 그른지, 혹은 무엇은 해답을 내릴 수 없는 것인지, 어린 생각이지만 나름의 판단이 있었다고 생각합니다. 선생님은 그 어린 시절의 기분을 기억하고 있고, 그러니까 여러분에게도 충분히 그런 생각과 능력이 있으리라 전제합니다. 여러분을 어린 아이로 보지 않는 만큼 여러분의 판단과 행동을 존중할 테지만, 그만큼 여러분의 응석을 받아주지도 않을 것이고 성숙한 자아로서 책임감을 요구할 생각이에요."

이렇게 진지한 목소리로 얘기한 후에 수업을 시작하면, 아이들의 태도도 사뭇 진지해진다. '공부는 네 인생의 일이다'라는 것을 알려주는 것이다. 이후에 아이들이 숙제를 해오지 않는 등 불성실한 태도를 보이면 혼내기보다는 오히려 어른 대하듯 정색을 하는 편이다. 학생들이 먼저 자신이 한 번 꾸중 듣고 넘어가길 바랄 때도 있다(실제로 숙제를 해오지 않는 아이들 중에는 한 번 혼나면 넘어간다고 생각하는 아이들이 정말 많다!), 혹은 갑자기 불쌍한 모습으로 핑계를 대려고 할 때도 있다.

그럴 때면 아이를 혼내는 게 아니라 오히려 정색하면서 "○○군, 자신의 인생에 책임감을 가져주시기 바랍니다."라고 얘기하며 변화를 요구한다. 상대를 야단친다는 것은 이미 상대방이 나보다 낮은 지위와 역할에 있다는 것을 인정하는 일이다. 하지만 필자는 학습 과정이야말로 '학생들의 인생'이지 필자인 '선생님과의 일'이라고 생각지 않는다. 그러니 숙제를 안 해왔다고 야단치기보다는 "네가 학원을 다니고 싶지 않다면 언제든 그만두어도 좋다, 그것은 네가 선택하는 일이다."라고 얘기한다.

아이들은 어른이 대하는 대로 반응하게 된다. 필자의 오랜 경험으로는 중고등학생 아이들은 어린 아이 취급을 하면 더 많이 응석부리고, 동등한 시각에서 하나의 주체로서 대하면 훨씬 더 책임감 있게 행동한다. 그리고 중고등학생인데 이미 벌써 어른스러운 아이들을 보면 하나같이 집에서 부모에 의해 좋은 태도를 교육받은 아이들이다.

공부가 '자녀의 인생'이라면, 시험 성적이 못 나왔을 때 가장 섭섭하고 아쉬워야 할 사람도 자녀 본인이어야 한다. 아이의 성적에 엄마가 더 화를 많이 내고, 아이가 진도를 못 따라가는 것에 엄마가 더 조급해 하기 시작하면, 더 이상 공부는 '자녀의 인생'이 아니게 되어버린다. 자녀가 성적이 좋지 못하면 엄마의 입장에서 야단치거나 혼내는 것이 아니라, 아이의 입장이 되어서 스스로의 자존심을 상기시키며 설득해보는 것이 좋을 것이다.

만약 성적이 낮게 나왔는데 자존심도 상하지 않고 천하태평하다면, 왜 천하태평한지를 아이 입장에서 다시 생각해야 한다. 자녀가 어떤 진로나 꿈을 갖고 있건, 좋은 성적을 받거나 입시에 성공해서 가장 좋은 덕을 보는 것은 본인임을 스스로 납득하게 해야 한다.

그런 관점은 하루 아침에 형성되는 것은 아닌 듯하다. 다만 모든 일에는 순서가 있는 법이다. 자녀가 그렇게 자기주도적으로 공부를 해나가는 데 먼저 필수적으로 전제되어야 할 것이 바로 엄마의 인식이라는 것이다. 엄마가 먼저 그렇게 납득해야 한다. 공부는 잘해도 못해도 '자녀의 인생'이다. 엄마가 직접 보상이나 동기를 주려고 하면 오히려 독이 될 수도 있으니, 자녀에게 사람 대 사람으로서 격려하면서 동기부여 해주는 것이 때로는 훨씬 현명한 방법이다.

논술형 엄마는
자신의 삶을 사랑한다

엄마의 생활 습관은 그 자체로 아이들에게 영향을 미친다. 때로는 엄마가 아이들을 '어떻게 대하느냐'보다 '어떤 사람'이냐가 더 중요할 때가 있다. 예를 들어 설명해보면 간단하다. 이를테면 엄마가 아이의 청소 습관에 대해 지도한다고 가정해보자.

먼저 아이에게 청소에 대해 말로 설명하고 가르치는 데서 시작할 수 있을 것이다. 또한 청소는 왜 해야 하는지 청소의 중요성에 대해 얘기해볼 수도 있다. 함께 청소를 해보면서 청소법을 가르쳐줄 수도 있다. 하지만 가르치고 타이르는 것의 효과는 일정한 한계를 갖고 있다. 청소가 중요하다고 백 번을 얘기한들, 그것이 아이들 삶에 녹아들어 습관이 되진 않는다.

하지만 엄마가 정리벽이 있는 사람이라고 생각해보자. 엄마의 사소한 행동이나 말투, 눈빛, 태도 그 모든 것은 조금씩이지만 아이에게 영향을 미치게 된다. 어질러져 있는 책상을 마음 놓고 보지 못하는 엄마, 냉장고는 음식의 유통기한이나 용도별로 깍듯하게 정리해두는 엄마, 무언가를 깔끔하게 정리해두고서 뿌듯한 표정을 짓는 엄마, 이런 모습을 보여줄 때 엄마는 자연스럽게 아이에게 영향을 주게 된다. 어쩌면 엄마의 정리벽은 말 몇 마디의 교육보다 아이의 청소 습관에 더 큰 영향을 줄 것이다. 엄마가 의도하거나 의식하지 않아도 엄마의 마음이 조금씩 뿜어져 나오기 때문이다.

그렇다고 해서 꼭 엄마가 독서광이고 대단한 문필가여야만 아이가 논술형 인간으로 성장하는 것은 아니다. 실제로 자신은 글을 쓰는 데 자신이 없다고 얘기하면서도, 자녀에게 좋은 영향을 주어 논술형 인간으로 키우는 데 성공한 어머님들을 여럿 보았다. 그렇다면 아이들에게 긍정적인 영향을 주었던 어머님들은 어떤 공통점을 갖고 있을까.

중요한 것은 어머님이 먼저 자신의 삶을 사랑하고, 자존감 넘치는 멋진 삶을 사는 일인 것 같다. 어머님의 자존감이 아이의 성장과 연관되어 있다는 이야기는 사실 다른 교육서에서 충분히 제안되어 온 얘기다. 심리나 상담 전문가 분들이 많이 해온 얘기지만, 워낙 필자도 현장에서 느꼈던 것이기에 몇 가지 얘기를 해보고자 한다.

논술형 인간인 아이를 키우는 데 성공한 어머님들 중 다수는 자신의 삶을 사랑하는 모습을 보여주는 분들이었다. 잠깐 상담을 해봐도 긍정적인 기운이 넘치는 분들이 많았다. 자존감 측면에서 논술형 엄마들의 공통점 몇 가지를 짚어 보면 다음과 같다.

첫째로 필자가 만난 논술형 엄마들은 열정을 갖고 매진하는 일을 하나 이상 갖고 있는 분들이었다. 꼭 대단한 일이 아니라 작은 취미일지라도 말이다. 한 아이의 어머님은 전업주부인데 뜨개질이나 퀼트가 취미인 분이었다.

그런데 아이가 갖고 다니는 물건을 보다가 알게 된 것인데, 수수한 소품을 만드는 정도가 아니라 시중에서 파는 것 이상의 전문적인 수준이었다. 고3이면 학원 자습실에 이런저런 물건을 쌓아 놓고 다니게 된다. 그때 보게 된 아이의 가방, 방석, 필통 등등 모두 언뜻 보아도 눈에 띄는 것이었다. 필자도 방석 하나를 선물 받은 적이 있다. 어머님의 수공업은 요즘 젊은 사람들 표현으로 치면 '덕후'적인 기질처럼 보일 정도였다.

어머님이 무언가에 열정을 갖고 매진하며 파고드는 모습은, 아이에게도 계속해서 긍정적인 영향을 미친다는 것을 알게 되었다. 그 아이도 비슷한 기질을 그대로 닮아 있었다. 정말로 유전적으로 그런 기질을 물려받은 것일 수도 있고, 그런 어머님의 모습이 아이에게 어떤 강화로 작용한 것일 수도 있다.

그 퀼트 전문가 어머님의 아이는, 늘 엄마의 열정적인 모습에 대해 긍정적으로 애기했다. 자신도 그렇게 닮아가는 것 같다는 말을 했다. 그 아이는 공부하는 습관도, 노트를 예쁘게 꾸미고 만들면서 자신만의 작품을 만드는 듯한 스타일이었다.

다른 한 어머님은 봉사활동에 아주 열정적인 분이셨다. 아이도 주말마다 엄마를 따라다니면서 봉사활동 실적도 폭넓게 쌓여 있었다. 게다가 어머님의 열정적인 모습에 좋은 영향을 많이 받은 듯했다. 물론 취미나 봉사활동이 아니라 자기 직업에 열정적이고 프로페셔널이 되는 모습을 보여주는 경우도 많았다. 공통점은 아이들이 자신의 엄마에 대해 '우리 엄마는 무언가 굉장히 열심히 하는 분이다'라는 인식을 갖고 있다는 것이었다.

둘째로 논술형 엄마들의 공통점은, '엄마로서의 자아'에 집착하는 분들이 아니었다는 것이다. 가끔 보면 누군가의 엄마라는 것 외에 다른 사회적 자아는 거의 없는 듯한 어머님들을 종종 보게 된다. 아이의 학교 성적만이 엄마 자존감의 척도가 되어버리는 경우이다. 이런 경우 자녀가 모의고사를 잘 봐서 합격권 대학이 올라가면 한동안 기세 등등하여 목소리를 높이시다가, 아이의 성적이 떨어지면 조용해지고 학원에 모습도 잘 드러내지 않게 된다.

하지만 필자는 항상, 자녀가 성적이 조금 올라도 너무 기뻐하지 마시고, 성적이 또 떨어져도 너무 상심하지 마시라고 얘기한다. 이 책의 다른 장에서도 얘기하고 있듯이 '공부는 아이의 것'이며, 성적이 올라도 가장 기쁜 것은 아이일 수 있도록 부모가 환경을 조성해 주어야 한다. 학교에서 누가 공부를 잘하는지 엄마가 먼저 파악하고 다닐 필요도 없고, 자녀의 성적을 서열 삼아 자신의 위치를 확인할 필요도 없다. 그렇게 자녀 성적에 목숨 거는 분들도 실제로 많이 있으나, 논술형 엄마들은 전혀 그런 분들이 아니었다.

마지막으로 논술형 엄마들의 공통점은, 지식과 교양에 대한 존중과 관심이 있었다는 것이었다. 자신이 직접 책을 무척 많이 읽는 독서가는 아니어도, 그런 것을 '좋은 것'이라고 인식하는 분들이었다는 얘기다. 이렇게 지식과 교양을 존중하는 것 또한 때로는 어머님들의 자존감과 연관이 있는 듯하다. 종종 그 반대인 부모님들도 보게 된다.

한 번은 제법 잘 사는 집의 아이를 가르친 적이 있었는데, 아버지가 좋은 배경이나 학벌을 가진 것은 아니지만 사업으로 성공하여 돈을 제법 버는 분 같았다. 그런데 어머님을 만나서 장시간 상담을 하는데, 은연 중 '공부만 하는 것은 샌님'이라거나 '학벌은 간판일 뿐이고 돈 버는 것은 다른 문제다'라거나, 직접 말하진 않지만 지식인이나 학벌이 좋은 사람을 얕잡아 보는 듯한 태도가 느껴졌다.

그것이 역설적이게도 그 집안의 어떤 열등감 때문에 나오는 태도일지, 혹은 정말로 대학 공부는 형식적인 것이라 굳게 믿고 계신 것일지 모르겠지만, 그러한 태도와 관점이 드러나는 것은 자녀의 학습에는 긍정적인 영향이 아닐 것이다.

물론 정말로 인생의 성공은 학교 공부와 별로 상관이 없을지라도, 한창 대학을 목표로 공부하는 학생에게 '대학은 간판일 뿐 별 것 아니다', '책에서 배우는 것은 소용없다'라는 얘기를 은연 중에 하는 것이 아이에게 좋을 리 없다. 반면에 자신이 독서가나 문필가는 아니더라도, 아이를 논술형 인간으로 키운 어머님들은 지식과 교양에 대한 존중과 관심이 있었다.

이렇게 어머님들이 무언가에 열정을 갖거나, 건강한 사회적 자아를 갖고 있거나, 지식과 교양에 대한 존중을 갖고 있는 경우, 이는 직접적이지는 않지만 아이들의 학습에 영향을 주리라 생각한다. 반대로 엄마가 스스로의 자존감이 떨어지면 괜히 아이를 간섭하게 된다. 아이의 성취에서 자신의 만족을 찾으려 하기 때문이다. 자녀에 대한 민감도가 올라가면, 이는 쉽게 갈등으로 이어진다. 엄마가 독립된 사회적 자아를 보여주지 못한다면, 아이도 엄마를 한 명의 사람으로 바라보는 것이 아니라 자신에게 간섭하는 존재로 바라볼 수밖에 없을 것이다.

메그 미커의《엄마의 자존감》이라는 책을 보면, "아이들은 엄마가 준 물건이 아니라 엄마 자체에 대해 이야기한다."라는 말이 나온다. 이 문장을 꼭 '엄마'가 아니라, '아빠', '부모', '가족'으로 바꿔도 무방할 것이다.

그 책에 따르면 "다양한 기회, 신발, 사립학교, 스케이트 수업 등 아이들에게 적절한 자원을 제공하는 일은 많은 부모들에게 훌륭한 양육의 표준이 되었지만" 아이들은 그런 것을 헤아리기보다는, 엄마가 어떤 사람인가를 더 중요하게 생각한다는 것이다.

미국의 소아청소년과 박사이자 자녀교육 상담전문가인 메그 미커는 엄마의 행복과 정신적 건강이야말로 자녀 교육에 중요한 요소라고 거듭 강조한다.

논술형 엄마는 자신의 삶을 사랑한다. 자신이 하는 일들을 사랑하고, 자신의 둘러싼 주변 환경을 사랑하며, 그러한 모습을 보여줌으로써 아이들에게 긍정적인 영향을 미칠 수 있는 분들인 것 같다. 자녀 교육이 뜻대로 되지 않고 자녀에게 너무 과도한 관심을 쏟고 있다고 느껴진다면, 어머님들도 먼저 자신의 삶을 돌이켜보고 스스로를 더 사랑할 수 있는 계기가 필요하지 않을까.

식탁에서 시작하는 대화와 토론

사춘기 자녀를 둔 부모님들이 호소하는 어려움 중의 하나는 '자녀와 얘기하기가 너무 어렵다'는 것이다. 아버님들과 상담할 일이 있을 때 특히 많이 들었던 얘기다. 실제로 부모가 자녀와 대화하는 시간을 충분히 확보하는 것은 여러 모로 중요하다. 자녀에게 긍정적인 영향을 주는 여러 교육법도, 자녀와 대화할 시간이 있어야만 실행 가능하기 때문이다.

기본적으로 부모님과 자녀를 함께 놓고 코칭을 할 때는 대화를 많이 하는 편인지 꼭 물어본다. 논술형 인간인 아이들의 공통점은 어려서부터 부모와 대화 시간이 많다는 것이다. 혹은 논술형 인간 중에서도 부모와 대화를 거의 하지 않는 경우도 있는데, 이 경우는 이미 충분히 가족의 신뢰가 형성되어 있는 경우였다. 많은 논술형 아이들이 기회만 된다면 부모님과 터놓고 얘기하는 것에 어려움은 없다고 대답했다.

반면에 몇몇 부모님은 답답하다는 듯 되묻는다. 그러니까 어떻게 자녀와 대화를 시작해야 할지 잘 모르겠다는 것이다. 아이가 클수록 자신의 말을 잘 듣지도 않고, 또 일부러 얘기 좀 하자고 불러내면 이미 서로 불편한 모습이 되어버린다는 것이다. 이렇게 자녀가 커서 부모 자녀 사이에 대화가 어려워지는 것은 대한민국에서 쉽게 찾아볼 수 있는 일이다. 아직 어린 아이를 둔 부모님들은 잘 공감하지 못할 수도 있다.

하지만 자녀가 중학생 이상만 되어도 많은 부모님들이 고개를 연신 끄덕이며 공감한다. 고착화된 소통 문제를 해결하는 것은 쉽지 않다. 소통 문제는 가족사 내부의 개별적인 문제들을 함께 해결해야 할 때도 있다. 그러므로 가족의 소통 문제 해결은 일반론으로 얘기하기는 어렵다. 다만 여기서 분명하게 얻을 수 있는 교훈 한 가지는, 부모와 자녀가 대화를 나누는 시간 또한 어려서부터 '습관'으로 형성해둘수록 좋다는 것이다. 아주 어린 나이부터 신경 써야 한다.

즉, 부모님들이 어려서부터 자녀와 신경 써야 할 습관은 독서나 글쓰기에 대한 것만이 아니다. 바로 소통하는 시간, 소통하는 방법에 대한 것까지 습관을 들이는 데 신경을 써야 한다. 서로 말이 통하고 있어야 이 책에 나오는 수많은 방법도 실천에 옮겨볼 수 있다.

이 점을 사춘기 이전의 초등학생 자녀를 둔 부모님들이 안다면, 미리 가족 사이의 소통을 위한 가족만의 관습을 만들어보는 게 좋을 것이다. 자녀를 차에 태우고 나갈 일이 있을 때 대화 시간을 갖거나, 함께 외식을 하게 되면 꼭 최근에 보고 느낀 것에 대해 묻는다거나, '어떤 시간은 부모님과 대화하는 시간'이라는 인상을 자녀에게 계속해서 형성해주는 것이다.

물론 자연스러운 대화를 나누기에 좋은 순간은 가족이 함께 식사를 하는 때가 아닐까 한다. 밥상머리 교육이라는 말이 괜히 있는 말은 아닌 듯하다. 실제로 많은 학생들이, 식사 중에, 혹은 식사 후에 과일이나 후식을 먹으면서 부모님과 대화 나누는 때가 많다고 얘기해왔다.

이런 밥상머리 교육에 대한 사례로 기억에 남는 것은, 한 남학생이 얘기했던 '갖고 싶은 물건 보고서'에 대한 것이다. 그 남학생은 개방적인 생각을 갖고 있으면서도 나름의 논리와 분석력을 갖고 있는 아이였다. 그런데 얘기를 들어보니 과연 어려서부터 교육이 남달랐구나 하는 생각이 들었다.

그 아이의 경우는 아버님이 자녀의 행동이나 의사 결정에 각별히 신경을 쓰는 편이었다고 한다. 그래서 그 아이는 어려서부터 자신이 갖고 싶은 물건이 생기면 '보고서'를 써서 저녁 시간에 아버지에게 검사 맡는 일을 했다고 한다. 그와 유사한 교육법을 책이나 매체에서 몇 번 접한 적은 있는데, 내가 가르친 학생 중에서 실제 사례를 보는 것은 처음이었다.

그 남학생의 첫 번째 보고서는 중학생 때 스마트폰을 구매하고 싶다고 얘기하면서 쓰게 되었다고 한다. 친구들이 하나둘 스마트폰이 생기니까 자신도 사달라고 했더니, 아버지가 '스마트폰을 사야만 하는 이유, 어떤 스마트폰을 사고 싶은지, 스마트폰을 사면 무엇이 좋은지' 이런 것을 모두 보고서로 써오라고 했다는 것이다.

다만 '친구들이 다 갖고 있으니까' 같은 심정적인 이유가 아니라 사실과 효용에 근거한 보고서를 써오라고 했다고 한다. 보고서는 한 번만 쓰고 검사를 받는 것이 아니라, 중간중간 계속 검사 맡으면서 아버지가 "이런 부분을 더 조사해와라, 이런 점을 더 보완해와라."라고 하면 계속 고쳐 썼다고 한다. 그러면 자연스럽게 내용에 대한 토론 토의로 이루어지고, 아버지는 일방적으로 지시하기보다는 '어떤 것이 더 좋은 결론인지' 함께 토론하고자 하셨다고 한다.

그 남학생에게 무엇을 느꼈냐고 물었더니, '자연스럽게 내가 갖고 싶어하던 폰은 불필요하고 너무 비싸다는 것을 알게 되었다'고 했다. 필자는 이 얘기를 들으며 아버님의 노력과 교육적 자세에 감탄하게 되었다. 막상 그 아이는 크게 실감하지 못했던 것 같지만, 필자가 생각하기에는 그 토론의 과정이 더욱 중요해 보였다.

자료를 조사하여 글로 정리하여 적고, 다른 사람을 설득할 수 있도록 논리를 만드는 과정이야말로 최고의 교육 과정이기 때문이다. 아버님이 의도하신 것도 아마 당장 폰을 사주느냐 마느냐 문제에 대해서 정하는 것이라기보다는, 장기적인 관점에서 합리적으로 생각하는 태도를 길러주는 것이 아니었을까 생각해본다.

그 남학생의 얘기를 들어보니, 그 이후로도 친구들과 멀리 놀러 가고 싶거나, 집안의 도움을 받을 일이 있을 때 몇 번 보고서를 쓴 적이 있다고 했다. 주로 인터넷을 검색하거나 직접 고민해서 내용을 쓰고 주말에 가족끼리 식사하고 나서 검사를 받았다고 한다. 보고서만 쓰는 것이 아니라 그 내용을 갖고 아버지와 자주 토론했다는 부분이 중요하다. 언뜻 보기에는 쉬워 보이지만 아무 부모님이 실행에 옮길 수 있는 교육 방법은 아닐 것이다.

최소한 그 남학생의 아버님은 자기 가족들만의 관습을 만드는 데 성공했다고 할 수 있다. 자녀가 무언가를 요구하면 무작정 안 된다고 하거나, 또 조건 없이 들어주기만 하는 것이 아니라, 함께 토론하는 습관을 들였기 때문이다. 아버님 입장에서는 자녀와 합리적으로 토론하면서, 또 대화할 수 있는 정기적인 계기를 마련해둔 것이다. 집안에 이런 문화를 만들 수 있다면 자녀 교육의 상당 부분을 자연스럽게 성공하는 것이라 할 수 있다.

그 밖에도 논술형 인간에 해당하는 여러 아이들에게서 '대화 습관'에 대한 얘기를 들었다. 식사 시간에 부모님과 최근에 학교의 일들에 대해 얘기한다거나, 최근에 함께 보았던 뉴스에 대해 대화를 나눈다는 것이 보통이었다. 가족끼리 영화를 보고 나면 그 영화에 대해 느낀 점을 토론 토의한다는 아이도 있었다.

이런 얘기를 하는 아이들의 공통점은 자신의 생각을 얘기하고, 다른 사람과 의견을 나누는 일에 자연스럽다는 것이다. 함께 여행했을 때, 공연이나 전시를 보았을 때 등등 이렇게 자연스럽게 공통의 경험을 갖고서 토론 주제를 이끌어내는 것, 이것은 부모가 자녀에게 해줄 수 있는 최선의 교육 방법 중 하나이다.

그러니 가족 사이에 꼭 대화나 토론의 장소가 식탁일 필요만은 없다. 다만 아이들이 성장하면서 학교와 학원에서 보내는 시간이 늘어나다 보면, '아이가 바빠서' 점점 대화할 시간이 줄어드는 것이 현실이다. 바쁜 와중에도 밥은 먹게 되니까, 그만큼 식사처럼 반복하는 일과 엮어서 대화 습관을 만들어두는 것이 좋을 것이다.

그런데 부모와 자녀의 대화가 많아지는 것이 종종 좋지만은 않을 때도 있다. 대화가 많아지는 만큼, 서로 하고 싶은 말이 너무 많아지면 어머님 아버님 입장에서는 또 잔소리가 늘게 되고, 자녀와 다투는 일도 생길 수 있기 때문이다. 그런 때를 위해 '식탁에서 시작하는 대화와 토론'으로 가족 문화를 만들기 위해, 세 가지 지침을 명심하시라고 얘기하고 싶다.

첫째는 '7:3으로 듣고 말하기'이다. 부모님 입장에서 일곱 번 듣고, 세 번만 말하려는 태도를 지녀야 한다는 것이다. 아무리 수평적인 관점에서 대화하려고 해도 부모는 어른이고 자녀는 아이다. 의사소통의 불균형은 존재한다. 부모가 하고 싶은 말만 반복하다 보면 결국 그것은 잔소리가 되고 만다. 일상 속에서 대화하고 토론하는 목적은 자녀의 관점을 형성해주고, 자녀의 논리적 사고를 길러주기 위함이다.

그런데 자녀에게 말할 기회도 주지 않고 부모가 하고 싶은 말만 한다면 토론의 효과는 반감될 것이다. 물론 자녀에게도 경청하는 태도 또한 가르쳐야 한다. 하지만 자녀에게 경청하는 태도를 가르치는 것은, 부모가 먼저 경청하는 태도를 갖고 있을 때에만 가능하다. 먼저 신중하게 듣는 모습을 보여줄 때 자녀도 부모의 태도를 따라할 수 있게 된다.

둘째 지침은 '자비의 원리'를 기억하라는 것이다. '자비의 원리'란 상대방의 주장이 타당하다고 전제하고 이해해야 한다는 것으로, 철학적 토론에서 중요하게 얘기하는 원칙 중 하나이다. 상대방이 어떤 주장을 할 때 미흡한 부분이 있다 하더라도, 그 미흡한 부분만 붙잡고 비판하는 것이 아니라, 그 미흡한 부분을 보완한다고 가정하며 토론하는 자세이다. 아이의 부족한 부분이 있으면 그 부족한 부분을 함께 보완해주면서 "실은 이런 얘기를 하고 싶은 거지?"라는 태도를 지녀야 한다. 이렇게 상대방의 주장을 최선의 상태로 만들어주며 토론하는 것이다.

자비의 원리는 부분적인 미흡함을 공격하여 주장의 본질을 해치지 않기 위해 일반적으로 필요한 것이다. 자녀와 토론하는 교육의 목적을 생각하면 더욱이 꼭 필요한 태도이다. 당연한 얘기지만, 자녀와 토론하는 목적이 자녀의 주장을 공격하고 이기기 위한 것은 아니기 때문이다. 아이들은 어리고, 종종 잘못된 생각을 할 수도 있다. 중요한 것은 그때 "네 생각은 잘못 됐어"라고 선언해주는 것이 아니라, 자비의 원리를 갖고서 아이가 더 타당한 생각을 스스로 할 수 있도록 이끌어주는 일이다.

마지막 지침은 자녀에 대해 얘기할 때 '현재와 미래에 대해서만 말하기'이다. 이것은 자녀와 다투지 않기 위해 지켜야 할 간단하면서도 중요한 원칙이다. 토론은 미래 지향적이며 앞으로 다가올 일에 대한 것일수록 좋다. 지나간 과거의 것에 대해 얘기하다 보면, 잘한 것과 잘못한 것을 따지거나 다툴 일이 더 많이 생기기 때문이다.

과거는 바꿀 수 없는 것이다. 지나간 잘못에 대해서 책망하면 듣는 사람의 감정만 나빠질 뿐이다. 자녀 입장에서도 부모를, 부모 입장에서도 자녀를 서로 탓할 일만 많아진다. 지나간 일에 대해 과거형 가정법으로 '네가 이랬다면 어땠을까?' 같은 것을 얘기하기 시작하면, 부정적인 얘기가 나오기 십상인 것이다. 물론 과거의 좋았던 기억에 대해 얘기를 나누는 것은 좋지만, 토론에 대해서라면 자녀의 과거에 대한 일로는 하지 않는 것이 필요하다.

가족 사이에도 여러 주제로 토론해볼 수 있을 텐데, '선택'해야 하는 대부분의 문제는 토론거리가 될 것이다. 자녀의 방학 동안 학습 계획은 어떻게 하는 것이 좋을지, 여름 휴가지는 어디로 가는 것이 좋을지, 자녀에게 새 스마트폰을 사주는 것이 과연 좋을지, 자녀의 통금 시간은 어떻게 정하는 것이 좋을지, 이 모든 것들은 가족 내에서 자연스럽게 대화와 토론으로 정해볼 수 있는 것들이다.

다시 한 번 그 토론의 '결과'보다는, 그 과정에서 일어나는 상호

작용이 더 중요하다는 얘기를 강조하고 싶다. 자녀 입장에서는 토론에서 내리는 결론이 더 중요할 수도 있지만, 부모님들은 '대화의 계기'에 더 주목해야 할 것이다. 부모와 자녀가 서로 터놓고 자기 생각을 나누는 시간에 대한 문화가 가족 안에 잘 자리잡게 된다면, 교과목 교재 몇 권을 읽거나, 학원에서 몇 시간을 보내는 것보다 장기적으로 훨씬 좋은 교육적 효과를 기대할 수 있을 것이다.

◈ 4장 요약 ◈

가끔은 한 번씩 져주어야 한다

- 아이와 논쟁할 일이 있을 때 아이가 설득력 있게 설명하면 원하는 것을 얻을 수 있게 해주자. 단, 엄마도 '안 되는 것'에 대한 명확한 원칙과 '기준선'을 갖고 있어야 한다.
- 학습 결과를 두고 '거래'하는 것은 가장 나쁜 교육 방식이다. '시험 N점 넘으면 무엇 해줄게'라고 해선 안 된다. 장기적으로 오히려 학습 동기를 저해하기 때문이다.
- 자녀를 존중해주고 종종 자녀에게 져주는 대화법의 최대 보상은, 자녀가 커서 엄마를 이해하고 가끔 져주는 자녀가 된다는 것이다.

바보 같아 보여도 자녀의 행동을 존중하라

- '하고 싶어 하는 것'의 총량이 큰 아이들이 공부 욕심도 더 생기고 장래 희망도 분명해진다. 다른 것에 의욕이 없는 아이들이 공부만 하고 싶어 할 리 만무하다.
- 그렇기에 '자녀가 정말로 하고 싶어 하는 것'이라면 좀 바보 같아 보이는 일이라도 응원하고 존중해주자.
- 부모 관점에서 지닌 사회적 편견이나 세대 차이로 인한 인식 차이로 아이들을 단정짓지 말자. 때로는 아이들의 선택이 자신들의 진로에 더 좋은

결과를 만들어낼 때도 있다.

'커서 하면 돼'는 소용없다

- 원래 아이들의 꿈은 자주 바뀐다. 그것을 '넌 맨날 바뀌잖아'라고 무시하는 엄마가 있는 반면, 매번 다른 방면의 학습 동기로 이끌어가는 논술형 엄마가 있다.
- 바늘 도둑이 소도둑 되듯, 작은 꿈에 도전해본 아이들이 큰 일을 해낸다. '지금은 공부나 열심히 해'라고 하지 말고, 오히려 아나운서든 과학자든 장래희망에 연관된 체험 활동과 탐구 활동을 할 수 있도록 도와주자.

공부는 잘해도 못해도 '자녀의 인생'

- '자녀의 인생'과 '엄마와의 일'을 잘 구분하고, '자녀의 인생'을 존중해주자. 교우 관계나 또래 집단에서 일어나는 일들은 '자녀의 인생'이다.
- 특히 공부는 엄마가 시켜서 하는 것이 아니라, 잘해서 좋은 것은 자녀 본인이고, 공부는 '너의 인생'이라고 늘 대화해주자.
- 아이들은 아이 취급하면 계속 아이처럼 행동하지만, 어른처럼 대하면 점점 어른스러워진다. '자녀의 인생'을 존중해주되, 그만큼 지녀야 하는 책임감의 중요성을 알려주자.

논술형 엄마는 자신의 삶을 사랑한다

- 논술형 엄마들은 각각 열정을 갖고 매진하는 직업, 취미, 사회적 활동이

있는 분들이었다.

- ‘엄마로서의 자아’에 집착해서 자녀의 성적이나 성과에 일희일비하면 오히려 자녀 교육에 좋지 않다(공부는 ‘자녀의 인생’이기 때문이다.).
- 아이들은 때로는 ‘엄마가 무엇을 해주었는지’보다 ‘엄마가 어떤 사람인가’를 더 중요시 여긴다. 직접 논술형 인간으로서 롤모델이 되지 않더라도, 지식과 교양을 존중하는 사람이 되어주자.

식탁에서 시작하는 대화와 토론

- 아이들이 중학생 이상만 되어도 대화하기 힘들다는 부모님들이 많다. 어린 시절부터 식사, 외출 등을 계기로 대화 시간을 정해두는 것은 좋은 소통 방법이다.
- ‘7:3으로 듣고 말하기’는 일곱 번 듣고, 세 번 말하기 원칙이고, ‘자비의 원리’는 자녀의 미흡한 부분을 보충해주며 대화하는 원칙이다. ‘현재와 미래에 대해서만 말하기’도 중요하다. 이 원칙하에 실천해보자.
- 자녀와 무언가 토론할 때에 결론보다 중요한 것은, 그 과정의 상호작용을 자연스럽게 가족 내의 대화 습관으로 정착시키는 것이다.

5

논술과 세상

현실의 이야기

아이를 학원에 보내는 올바른 자세

이 책의 독자인 어머님들도, 자연스럽게 아이들을 학원에 보낼 일이 생기리라 생각한다. 자기주도학습이 모든 경우에 만능은 아니므로 특정 교과목은 진도 보충을 위해 사교육의 도움이 필요할 수 있다. 필자는 이런 면에서 현실적 접근이 필요하다고 생각한다. 논술형 엄마의 태도와 아이의 자기주도 학습이 만능이라고 주장하지 않는다. 그렇기에 아주 실질적인 차원에서 어머님들에게 도움될 수 있는 얘기를 해보고자 한다.

우선 필자는 사교육을 공교육의 대체제라고 생각하지 않는다. 어디까지나 사교육은 공교육의 보완재이다. 공교육이 부족한 부분을 채워주는 역할이라는 얘기다. 그렇기 때문에 사교육을 활용할 때도 구체적인 목적과 의미를 생각하는 것이 필요하다. 그러한 관점에서 아이들을 학원에 보낼 때는 어떤 마음과 자세를 지녀야 하는지,

어떤 학원과 강사를 선택하는 것이 좋은지, 그리고 학원을 보내는 전후 과정에서 자녀와 어떤 소통을 하는 것이 좋은지, 이런 것에 대한 의견을 얘기해보고자 한다.

가장 먼저 하고 싶은 얘기는 자녀를 학원에 보낼 때 '목적'을 생각해야 한다는 것이다. 실제로 많은 부모님들이 '다른 집 아이들도 모두 다니니까' 하는 불안감이나 분위기에 자기 아이를 학원에 보낸다. 이렇게 놓고 얘기하면 남들 다 하니 휩쓸려서 하는 것이 상당히 비합리적인 일 같지만, 생각 외로 정말 많은 부모님들이 그런 이유로 학원을 보낸다.

학원에 보내는 목적은 단지 '영어가 부족해서', '독해력이 부족해서' 정도여서는 안 된다. 최소한 영어 과목이라면 '중학교 문법 2학년 1학기 과정 중 기초 부분이 부족해서', '기초 어휘력과 독해는 되지만 실용 영어 작문 부분이 부족해서' 정도로 구체적이어야 한다. 부모와 자녀가 그 정도 인식이 있어야 좋은 학원을 선택할 바탕이 된다. 왜냐하면 모든 선생님들은 전문 영역이 다르기 때문이다.

최상위권을 가르치는 뛰어난 강사가 생각 외로 중하위권 학생을 못 가르치는 경우도 있다. 영어 독해는 기가 막히게 가르치지만, 아이들에게 문법을 설득하며 가르치는 것은 오히려 익숙하지 않은 강사가 있을 수도 있다.

그만큼 목적 없이 학원비부터 낼 생각하지 말고 아이에게 필요한 부분을 함께 고민해주어야 한다. 그 약간의 고민도 없이 막연하게 학원에 돈을 쥐어주는 어머님들이 정말 많다. 집에서 사용할 수십만 원짜리 물건을 살 때는 그렇게 꼼꼼하게 따져보면서, 학원은 소문만 듣고 보내니, 안타까운 일이다.

또한 학원에 보낼 때는 꼭 아이의 피드백과 의견도 함께 존중해 주어야 한다. 학원 선택과 등록 여부에서도 아이의 의견을 존중하는 것은 동기부여 측면에서도 중요하다. 아이가 스스로 선택했다는 인식이 있어야 자연스레 더 적합한 학원을 찾게 되고, 출석도 능동적으로 하기 때문이다. 작은 것 하나라도 아이들은 자신의 의지대로 행동할 때 더 동기부여를 얻게 된다는 것을 잊으면 안 된다.

한 번은 아주 똑똑하고 성격도 좋은 아이가 혼자서 상담을 받으러 왔길래, 엄마가 뭐라고 하셨냐고 일부러 물어본 적이 있다. 그 대답이 인상적이어서 기억하고 있는데 "논술학원 보내 줄테니 네가 한번 알아봐."라고 하셨다는 것이다.

순간 그 말 속에 담긴 프레임이 절묘하다고 생각했다. 사실은 그 말은 "얘야, 논술학원 좀 다녀보는 게 어떻겠니."라거나 "논술학원도 좀 다니렴." 하고 엄마가 간접적으로 시키는 입장인 것과 크게 다르지 않다. 그런데 엄마가 '보내주는' 것이고, 다니는 것은 '너'이니, 학원 다니는 것을 엄마가 시켜서 하는 것이 아니라 아이의 일로 생각하도록 만드는 미묘한 태도가 담겨 있는 것이다.

보내주겠다고 먼저 얘기한 것은 엄마지만, 알아보고 결정하다 보면 어느새 아이는 자기가 고민하다가 결정한 대로 논술학원을 다니게 될 것이다. 그러면 처음 얘기를 꺼낸 것은 엄마일지라도 아이의 결정이 포함된 순간 그것은 아이 자신의 일이 되어버린다. 필자가 이 책의 다른 장인 '공부는 잘해도 못해도 자녀의 인생이다'에서 언급한 바와 같이, 공부를 '엄마와의 일'에서 시작했지만 자연스럽게 '자녀의 일'로 만들어주는 태도를 아주 잘 보여준 어머님이라는 생각이 들었다.

그럼 아주 실전적인 차원에서 좋은 논술학원을 선택하기 위해선 어떻게 해야 할까? 이 또한 장기적인 관점에서 입시 논술을 준비하고 싶은 것인지, 한 1년 정도 독해력과 사고력의 기초를 쌓아주고 싶은 것인지, 독서량을 늘리면서 토론 수업을 시키고 싶은지, 이렇게 구체적인 고민이 있어야 한다. 논술 교육도 방식이 여러 가지이기 때문이다.

먼저 첫 번째로 그 논술학원의 역량과 분위기를 파악하려면 교재를 확인해보기 바란다. 논술학원은 프랜차이즈가 아니라면 생각 외로 체계적인 교재 없이 외부의 것을 가져다가 쓰는 경우가 많다. 학교에서 시험도 보지 않고 수능에도 나오지 않는 소위 비교과 수업이기 때문이다. 학교에 작문이나 독서 수업이 있긴 하지만 딱히 논술의 기준이 되는 교과서가 있는 것도 아니다.

그런 와중에 학원이 자체 교재를 제작하는 역량을 지닌 곳이라면 좋은 학원일 가능성이 높다. 선생님이 배포하는 낱장의 프린트물일지라도 그런 것들을 직접 제작할 수 있는가와 아닌가는 다르다.

다만 대형 학원의 경우 교재만 따라가고 선생님은 허수아비에 가까운 경우도 있으니 주의해야 한다. 교재가 무척 탄탄하고 체계적인데, 실은 그 교재로 수업을 하는 선생님들은 경력이 별로 없는 사람들을 고용한 경우도 있기 때문이다.

두 번째로 논술학원을 볼 때는, 선생님이 아이에게 많은 시간을 쏟을 수 있는지 살펴보는 것이 좋다. 이것은 필자 개인의 의견이기도 하지만, 특히 비입시의 경우 잘 가르치는 선생님만큼이나 중요한 것은 나의 아이에게 신경을 써주는 선생님이다. 선생님들의 강의력은 어머님들이 직접 검증하기도 힘들거니와, 선생님끼리도 누가 잘한다 못 한다 함부로 판단하기 어려운 것 같다.

하지만 이 책의 앞선 내용들을 이해하신다면 선생님이 직접 대화하며 자녀와 대화를 나눌 시간이 가장 중요한 자원이라는 것을 아시리라 생각한다. 그러므로 중요한 기준은 '시간'이다.

이것은 어디까지나 비입시 논술의 경우이고, 입시 논술의 경우는 조금 다르긴 하다. 아무래도 이 책의 독자 분들은 당장 고3 자녀를 둔 학부모님들은 아닐 것이라 생각하므로 비입시 기준으로 얘기했다. 참고 삼아 얘기해보면, 입시 논술 교육의 기준은 오히려 단순하고 명확하다. 바로 '얼마나 높은 비율로 아이들을 합격시키느냐'이다. 입시는 철저하게 결과로 승부를 보는 곳이므로, 아무리 명강사라 한들 내 아이를 합격시켜주지 못한다면 보낼 이유가 없다.

그런데 종종 입시 논술 수업을 하면서도 그다지 아이들을 합격

시켜본 경험이 없는 선생님들이 수업하는 학원들이 있다. 아니, 종종보다는 조금 더 많을지도 모른다. 가끔 필자가 가르친 학생들 중에서도 터무니없는 동네 학원의 선생님에게 배우며 시간 낭비를 하다가, 뒤늦게 입시 논술 전문 학원을 찾아온 경우도 많았다. 입시 논술 강의를 선택하는 데도 여러 기준이 있을 수 있지만, 역시 많이 합격시켜 본 선생님들이 뛰어나다는 것은 부정할 수 없다.

마지막으로 입시 논술과 비입시 논술을 통틀어서, 논술학원을 선택할 때 살펴볼 포인트는 '어떤 아이들이 배우고 있는지'이다. 학원의 교재를 보고 분위기를 파악하고, 선생님이 얼마나 우리 아이에게 시간을 많이 쏟을 수 있는지를 파악했다면, 그 학원에 어떤 아이들이 다니고 있는지에 관심을 가져볼 만하다.

당연한 얘기지만 비입시 논술학원의 경우, 오래 다닌 아이들이 많은 곳은 좋은 학원일 가능성이 높다. 교우들의 분위기를 보고 내 아이가 들어가서 좋은 영향을 받을 수 있는 학원인지도 확인해보자. 특히 논술 교육에서는 아이들끼리 서로 의견을 발표하고, 토론하고, 교류하는 부분이 중요하다. 다른 엄마들이 단지 아이들이 시간을 보내기 위해 넣어두는 학원에 우리 아이도 따라 보낼 필요는 없지 않은가?

그럼 '아이를 학원에 보내는 올바른 자세'의 마지막으로, 아이에게는 돈 얘기나 그 외에 경제적으로 신경 쓰일 만한 얘기는 하지 않는 편이 좋은 것 같다는 얘기를 덧붙이고 싶다. 필자가 만난 여러 논술형 인간인 아이들은 그런 생각으로부터 자유로워 보였다. 필자가 강의하는 학원의 학원비가 싼 가격은 아니었음에도 불구하고, 집안의 경제 상황에 상관없이 아이들은 그런 문제를 잊고 학원을 다니는 것이다.

논술을 잘한다고 해서 집이 모두 잘 살 리는 없다. 다만 아이가 그런 문제에 신경 쓰지 않게 할 정도로 어머님들이 현명했던 게 아닌가 생각한다. 아이가 공부를 조금 소홀히 한다고 해서 "너 학원비가 얼마인지 알아?" 같은 얘기를 아이에게 하는 것은 그다지 좋은 대응이 아닐 것이다. 막상 아이들도 자기들이 직접 내지 않아도 학원비에 대해 다 인식하고 있으며, 어떤 아이들은 겉으로 표현하지는 않아도 엄마에게 학원비에 대해 내심 죄책감이나 미안한 마음도 갖는다.

오히려 그런 부담감에서 벗어나서 학원 다니는 일이 '즐겁도록' 해주어야 학습 성과도 더욱 잘 나는 것이 아닐까 하는 의견을 덧붙여 본다. 어느 학원을 선택할지에 대한 고민만큼이나, 학원을 보낸 후에 어떤 태도로 대하는지도 엄마 입장에서 중요한 것이다.

입시 직전 단기 논술, 효과 있을까

필자가 입시철만 되면 가장 많이 받는 질문 중의 하나가 바로 이것이다. "입시 직전에 논술하는 거, 그거 효과 있나요?" 오히려 입시에 관계없는 사람들로부터 더 많이 받는 질문이다. 차라리 고3 학부모님들 같은 경우는 이미 논술에 대해 충분히 잘 알고 있는 경우가 많다. 혹은 입시철만 되면 학부모님들은, 애초에 "그래도 안 하는 것보다는 낫겠죠?" 하면서 학원을 찾아오기 때문에, 이런 부모님들의 경우는 효과가 있냐는 질문은 오히려 별로 하지 않는다.

하지만 고3 학부모님도 아닌 경우 더욱 단기 특강에 대해 궁금해하시는 분들이 많다. 특별히 논술에 관계없는 분들이 필자가 논술 강사를 한다고 하니 궁금해하거나, 혹은 종종 입시철에 고액 논술 관련 뉴스 등의 얘기가 나오다 보니 호기심이 발동하는 것 같다.

단기 논술이 효과가 있냐고 물어본다면, 우선 그 전에 '효과'에 대한 기대치가 사람마다 다를 수도 있다는 점을 생각해봐야 한다. 수강료가 수십 만 원이든 수백 만 원이든 단기 논술이 쉽게 합격을 이끌어내주리라 생각하는 것은 물론 잘못된 생각이다.

입시 제도를 들여다보면 누구나 깨닫게 되는 사실이지만 대입 수시전형 합격에는 상당히 여러 변수가 관여한다. 전형에 따라 최저 등급 여부, 학생부 반영 여부 등이 크게 당락을 좌우하기도 하고, 논술이나 면접에도 당일의 운에 해당하는 요인들이 상당히 많이 관여될 것이다.

당일의 운이라는 요인은 학생의 컨디션에서부터, 학생이 기존에 알고 있는 내용의 문제가 나오는지, 문제의 절대적 난이도가 어느 정도인지 등으로 다양하게 볼 수도 있을 것이다. 이런 점들을 보자면 입시 직전의 단기 논술 특강을 듣는다고 당장 합격 여부를 얘기할 수 있는 것은 아니다.

하지만 또 당연하게도, 그것마저 '하지 않는 것'보다는 '하는 것'이 훨씬 낫다. 그런 관점에서 필자는 누군가 고3의 가족이 와서 입시 특강을 들어야 하냐고 묻는다면, 듣는 것이 나을 것이라 대답할 것이다. 물론 비싼 비용 등 고려해야 할 부분도 있으니, 가정마다 여건과 환경에 따라 결정해야 할 것이다.

하지만 효과에 대한 의문과 학생들의 스트레스에도 불구하고 그래도 직전에 벼락치기라도 하는 것이, 역시나 아무것도 하지 않고 무방비로 시험을 보러 가는 것보다는 낫다는 것이다. 그렇기 때문에 입시 직전의 단기 논술이 효과가 있느냐 없느냐, 딱 한 가지만 선택해서 대답하라고 한다면, '큰 기대를 가지면 안 되지만 굳이 선택하자면 효과가 있는 편'이라고 대답해줄 수 있을 것 같다.

종종 입시 직전의 단기 논술이 아주 뚜렷한 효과를 보일 때도 물론 있다. 다만 그런 경우는 이미 아이들에게 기초 소양이 형성되어 있는 경우이다. 어떤 강사도 원래 어휘력, 문장력, 논리력이 떨어지는 학생을 2주일 만에 단기 특강으로 합격선까지 끌어올릴 수는 없다. 정말로 단기간에 눈에 띄는 실력 향상을 보여준다면, 대부분은 애초에 아이들이 이미 좋은 자질을 지니고 있었고 그 상태에서 문제 푸는 '방법과 요령'만 익히는 것이다.

그렇기 때문에 기초가 탄탄한 학생인데 입시 유형을 접해보지 못한 학생이라면, 오히려 단기 논술 특강을 들으라고 권해보기도 한다. 그런 학생들은 본인이 갖고 있던 기초 소양에 문제 풀이를 위한 방법론을 더함으로써 제법 효과를 볼 수 있는 것이다. 글도 잘 쓰고 오랜 시간 생각을 키워온 아이들은, 자신의 생각을 입시 유형에 맞춰서 정리하는 방법을 익히면 되는 것이다.

하지만 기초가 부족한 아이들이 단기 방법론으로 큰 성과를 낼 수 있다는 환상을 가져선 안 된다. 논술학원에 안 다니던 아이가 2주 다니고 합격했다는 무용담을 듣게 될 때가 있다. 그런 경우는 전부 앞서 얘기한 것처럼 원래 아이가 논술에 소양이 있었던 경우이다. 단기 논술의 효과는 어디까지나 원래 가능성이 있는 아이들에게

'실전'을 가르치는 것이라 할 수 있다. 입시철만 되면 성행하는 상당한 비용의 논술 특강들은, 그 실전 경험과 유형 분석에 대한 비용이라고 생각하면 된다.

사실 필자는 입시 논술계를 떠났지만, 동종 업계에 종사하는 선생님들에 대한 존중의 마음을 아직도 갖고 있다. 단기 논술이 적지 않은 금액과 그에 대비한 효용 문제로 비판을 받기도 하지만, 정말 짧은 시간에 아이들에게 많은 것들을 불어넣어주기 위해 최선을 다하는 선생님들도 많다. 그 현장을 직접 보며 입시 선생님들의 치열한 고민과 자기계발을 보았기 때문에 아무래도 함부로 '소용없다'는 식으로 얘기할 수는 없다.

입시 논술은 단순한 글쓰기가 아니며 각 학교의 유형이 있고 그 안에서 지문을 해석하고 논리 문제를 푸는 과정이 필요하다. 글쓰기 자질은 충분히 갖고 있지만 입시 전형의 특성을 잘 이해하지 못했던 학생에게 대입 논술의 특성을 알려줄 수 있다면, 단기 수업도 그 나름의 가치가 있다고 생각한다.

또한 부분적이지만 필자가 입시 논술 단기 특강의 효과를 얘기할 수 있는 이유는, 기본적으로 원포인트 레슨의 힘을 믿기 때문이다. 그러니까 이것은 입시에 국한된 이야기가 아니라, 모든 논술 혹은 구술 교육에서 원포인트 레슨이 효과가 있는가에 대한 것이다. 원포인트 레슨이란 '가장 중요한 것 한 가지를 중심으로 가르치는 교습'을 뜻하는 은어이고, 보통은 학습자의 '문제점'을 바로 잡아줄 수 있는 레슨을 뜻한다.

글쓰기 관련해서는 다양한 유료 컨설팅이 존재한다. 대학 입학 자기소개서뿐만 아니라 취업 자기소개서, 대학원 및 유학을 위한 학업계획서 작성까지 다양하다. 성인 중에서도 공기업 입사를 위한 논술 시험이나, 승진을 위한 시험으로 인해 글쓰기 레슨을 찾게 되는 사람들도 종종 있다. 필자는 이런 모든 교습에서 원포인트 레슨이 기본적인 효과를 갖고 있다고 생각한다.

원포인트 레슨이 효과를 발휘하는 이유는, 타인이 글을 검토하고 문제점을 지적해주는 것이 그만큼 효과가 있기 때문이다. 지금까지 단 한 번도 자기 글을 전문가에게 첨삭 받아보지 못한 사람이 전문가의 관점에서 글을 평가받아본다면, 이전에 보지 못하던 새로운 부분을 보게 된다. 이것은 악기 레슨이나, 골프 레슨처럼 몸으로 하는 활동과 마찬가지다. 글에도 그 사람의 잘못된 자세나 안 좋은 습관이 베어 있다. 그런 문제점들을 교정해주고 올바른 방향을 알려주는 것만으로도 단기간에 상당한 효과를 볼 수 있다는 얘기다.

역으로 얘기해보면, 단기적으로 어느 정도나마 효과를 보기 위해서는 반드시 '문제점을 교정해주는' 레슨을 받아야 한다. 막연하게 전략이나 방향성을 듣는 얘기는 소용없는 경우가 많다. 그러므로 일방적으로 강연을 듣거나 콘텐츠를 배우는 방식으로는 결코 단기간에 효과를 볼 수 없다. 입시 논술 특강이 효과가 있는 부분도 기본적으로 '첨삭' 과정을 포함하고 있기 때문이다. 이전까지 제대로 첨삭을 받아보지 못하던 학생이라면 더욱 효과가 있을 것이다. 첨삭은 훈련에서 정말 중요한 과정이고, 아무리 현란한 강의를 듣는다고 해도 문제점을 파악해가며 직접 한 줄, 두 줄 고쳐 써보지 않으면 글쓰기는 쉽게 늘지 않는다.

결과적으로 입시 직전 단기 논술의 효과는 크게 입시 유형 분석과 실전 연습이라는 부분과, 첨삭과 원포인트 레슨이라는 부분에 의한 것으로 요약해볼 수 있다. 거듭 얘기하지만 어느 정도 학생에게 기초 소양이 갖추어져 있을 때의 얘기다.

보통 1년 정도 꾸준히 입시 논술을 배우면, 유사한 문제 속에서 나름의 패턴을 찾아서 스스로 분석하는 아이들이 있다. 이렇게 스스로 분석 능력이 있는 아이들은 입시 직전 단기 논술 특강을 굳이 듣지 않아도 기출 문제와 답안이 공개된 것들을 보며 스스로 공부해서 좋은 성과를 내기도 한다.

실제로 필자의 제자 중 상위권 대학에 진학했던 어떤 학생은, 입시에 임박하여 필자를 만났다. 그런데 이미 풍부한 어휘력과 논리력을 갖추고 있었고, 분석적 시각이 잡힌 아이였다. 그 아이에게 훈련을 시키다 보니 스스로 "선생님, A학교의 문제는 지문에서 조금 더 구체적으로 정해져 있는 해답이 요구되는 유형인 것 같고, B학교는 큰 틀이 주어져 있지만 자기 의견이 좀 더 중요해 보이는 유형이네요, 제가 생각한 게 맞나요?" 이런 질문을 해오는 것이었다. 그 학생의 분석은 필자가 생각한 분석 및 수업 방향과도 일치했다. 학생 스스로 수동적으로 문제만 푼 것이 아니라 스스로 이것저것 비교해가며 자신의 전략을 세운 것이다.

그 아이는 입시 논술 수업 자체는 들어본 적이 거의 없지만, 나중에 알고 보니 고등학교에서 토론 동아리 활동을 꾸준히 해왔었다. 즉, 오히려 입시 논술과 관계 없었던 비판적 사고 훈련이, 입시에서의 문제 유형 분석 능력까지 길러준 것이다.

뻔한 결론이지만, 결국은 단기 특강이 필요 없을 정도로, 혹은 단기 특강을 짧게 들어도 최선의 효과를 낼 수 있도록 그 이전까지 아이들을 탄탄한 논술형 인간으로 키우는 것이 가장 중요할 것이다. 이번 장에서는 단기 논술 특강이 어떤 경우에 어떤 이유로 효과가 날 수 있는지 필자의 생각을 얘기해보았지만, 더 중요한 교육은 입시보다 훨씬 이전부터 시작된다는 것을 어머님들께서 한 번 더 되새기셨으면 좋겠다.

자유학기제를 어떻게 준비해야 할까

필자가 가장 많이 받은 질문 중 하나가 자유학기제에 대한 것이다. 특히 중학생 부모님들의 워크샵이나 어린 학생들의 라이프 코칭을 진행하면 찾아오는 단골 질문들이다. 2016년부터 전국 중학교에서 자유학기제가 전면 시행되었지만, 모든 학교들이 충분한 연구와 준비를 갖추지 못한 것은 사실이다. 선행 학습이나 또 다른 사교육만 조장하는 것이 아니냐는 얘기가 나오기도 한다. 필자 역시 공교육의 전문가는 아니지만 워낙 질문을 많이 받고 있기 때문에, 아이들의 장기적인 발전과 논술 교육을 바라보는 관점에서 몇 가지 개인적인 의견을 써보고자 한다.

자유학기제의 큰 특징은 교과 수업 시수가 줄고 중간 기말고사를 보지 않으며, 자유학기 활동이 운영된다는 것이다. 자유학기 활동은 진로 탐색, 주제 선택, 예술체육, 동아리 활동이다. 교과 수업 자체는 진행하되 시험이 없고 평가 방식이 자체적인 형성 평가로 바뀌므로, 그에 맞추어 수업 운영 방식 역시 자유로워지고 다양해진다는 특징도 있다. 전반적으로 수업 평가 방식이 학생 참여 중심으로 바뀐다. 시험 부담이 없고 탐색 활동을 제공하기에 여러 가능성이 많은 제도라고 할 수 있다. 하지만 그만큼 학생들이 나태해지지 않고 알차게 시간을 보내려면 준비가 필요하다

이렇게 자유학기제로 교과 학습 부담에서 벗어난 시간 동안, 아이들에게는 무엇을 줄 수 있을까? 종종 미래를 위한 선행 학습에 집중해야 한다고 말하는 이들도 있다. 하지만 개인적으로는 크게 동의하지 않는다. 선행 학습을 중시하다 보면, 결국 학원이나 과외의 도움을 찾아가게 되기 때문이다. 시간적 여유가 생긴 동안 내신 진도를 배워두면 차후에 조금 유리할 수는 있겠지만, 그것이 과연 갓 사춘기를 겪는 아이들의 발달에 장기적으로 옳은 일인지 의문이다.

물론 고등학교 혹은 대학교에 가서 배워볼 수 있는 것들을 미리 맛보게 하는 것은 좋은 시도라고 본다. 진도 빼기 위주의 주입식 선행 학습이 아니라, 앞으로 배워 나갈 개념들에 대해 적성 탐구를 해보는 것은 나쁘지 않다.

하지만 자유학기 활동의 주요한 목적과 핵심은 '탐색'이다. 아이들이 중학교 때 갖게 된 진로 계획은 고등학교, 대학교를 거치며 얼마든지 바뀔 수 있다. 그런데 중학교 시기는 사춘기를 보내고 큰 틀에서 '좋아하는 것'과 '잘하는 것'을 찾아 나가기 시작하는 때다. 부

모님의 욕심이 지나쳐서 아이를 너무 많이 공부에 잡아둘 필요는 없다고 본다. 오히려 아이들이 자유학기제를 겪는 중학교 시기는, 부모의 지시와 간섭을 떠나서 슬슬 독립적으로 자신이 원하는 것을 찾아가기 시작해야 할 때다.

먼저 자유학기제에 임하면서 부모님들이 가져야 할 기본적인 자세는, '많은 경험 시켜주기'와 '결과물 남기기'이다. 우선 '많은 경험 시켜주기'는 자유학기제 기간 동안 활동(진로 탐색, 주제 선택, 예술체육, 동아리)에 연장선이 되는 경험을 이어 나가는 것에서 시작할 수 있다. 이를테면 아이가 발명 동아리 활동을 하게 되면, 관련 과학 기술 전시를 관람하게 해주는 식이다.

진로 탐색 활동으로 강의 같은 것을 듣게 된다면, 관련 분야 다큐멘터리를 함께 찾아봐 줄 수도 있다. 이렇게 전시회 방문, 학교 밖의 체험 교육, 관련된 책과 영상, 또한 필요하다면 약간의 사교육까지, 이런 것들은 아이들의 선호도에 따라서 부모가 알아보고 챙겨줄 수 있는 것들이다.

'많은 경험 시켜주기'에서 필요한 것은 '관심' 키워드와 '비관심' 키워드의 적절한 혼합이 필요하다. 평소에 관심이 있던 것들에 대한 직간접 경험과 평소에 전혀 관심이 없던 새로운 분야에 대한 자극 모두 필요한 것이다. 처음에는 학생 자신이 좋아하는 것에서 시작하는 것이 좋다. 먼저 관심이 있는 것을 통해 동기부여를 얻고 그 관심을 점차 다른 분야로 확장해 나가는 것이 좋은 방법이다.

명심할 것은, 절대 아이의 재능과 성향을 부모 마음대로 단정지으면 안 된다는 것이다. 지금은 세계적인 피아니스트가 된 조성진의 경우를 보면, 그의 부모님은 모두 음악과 큰 관계가 없는 분들로 알려져 있다. 그분들이 '우리 아들이 무슨 음악은'이라는 생각을 했다면 쇼팽 콩쿠르에서 우승한 조성진이 세상에 나올 수 있었을까. 물론 자녀의 작은 재능을 천재성으로 오해해서 들뜨는 일도 주의해야 하지만, 아이가 지닌 가능성을 부모의 현실적 관점에서 평가 절하해서도 안 된다.

한편 실은 부모님에게 물려받은 것이지만, 부모님도 스스로 인식 못하고 있던 성향이 아이에게 좋은 진로를 열어줄 수도 있다. 필자도 그런 비슷한 사례를 본 적이 있다. 인문계 대학을 준비하던 아이가 알고 보니 디자인에 재능이 있었는데, 나중에 듣기로 어머님도 좋은 교육을 못 받아서 주부로 살고 계실 뿐 시각적 센스가 굉장히 뛰어났던 것이다.

그 아이는 예체능계로 전향하지는 않았지만 광고홍보학과라는 적성을 찾아 진학했다. 인문계 내에서 향후 자신의 적성과 능력을 살릴 수 있는 최선의 선택이었다고 본다. 이렇듯 '탐색'해보는 과정이 중요하다. 아이 스스로도, 부모님도 모르고 있던 어떤 적성이 발견되거나 계발될지 모른다.

그런 모든 활동에서 부모가 신경 써줄 수 있는 것이 바로 '결과물 남기기'이다. 똑같은 활동을 하더라도 기억 속에만 담아두는 것과 나름의 기록물을 남겨두고 정리하는 것은 큰 차이가 있다. 결과물을 남기려 하는 과정 자체에서 더욱 체계적인 학습이 일어나기 때문이다. 그 결과물은 자신만의 작은 책과 같은 문집이 될 수도 있고, 사진이나 영상 앨범이 될 수도 있다. 또는 요즘 세대에 맞는 유튜브 영상이나 블로그 포스팅이 될 수도 있다. 무언가 하나를 마무리지었다는 완결성의 경험은 아이들에게 항상 좋은 자산이 된다. 체험의 기억을 오래 가져가도록 도와주기도 한다.

다만 이 즈음 이 책을 읽은 분들이라면 당연히 알고 계시겠지만, '결과물 남기기'에 신경을 쓴다고 하여, 그것이 아이들에게 무작정 '숙제 늘리기'가 되어선 안 된다. 어쩌면 '결과물 남기기'와 '숙제 늘리기'는 종이 한 장 차이일 수 있다. 아이의 입장과 상황에 따라 동기부여 활동이 되기도 하고 괴로운 숙제가 되기도 한다. 역시나 이 책의 앞선 내용에 따라 '결과물 남기기'를 추천하고 조언해주되, 결과물의 '목표'는 아이가 스스로 정할 수 있어야 한다.

그리고 이 책을 읽는 독자 분들에게 한 가지만 더 얘기하면, 하나 정도는 가급적 '남의 집 아이들'이 하지 않는 경험을 시도해보는 것이 어떨까 한다. 왜냐하면 자유학기제 활동도 제도 도입 후 시간이 지나면서, 점차 커리큘럼이 정형화되는 부분이 생기고 있다. 이때 하나 더 새로운 것을 찾아서 남다른 자극을 자녀에게 줄 수 있는 부모님이라면, 자신의 아이를 좀 더 특별하게 키울 수 있지 않을까? 이를테면 또래 애들이 잔뜩 가는 자기주도학습 캠프 같은 것을 보내는 것이 아니라, 부모님이 직접 아이들을 데리고 특별한 곳에 봉사활동을 가는 것처럼 말이다.

정리하면, '다양한 경험 마련해주기' 그리고 '결과물 남기기', 동시에 '관심 키워드뿐만 아니라 비관심 키워드에 대해서도 탐색하게 하기' 이 정도가 자유학기제를 잘 보낼 수 있게 부모가 지도해줄 수 있는 영역이라고 생각한다. 물론 이상의 내용은 어디까지나 특목고 입학을 고려하지 않는 경우이다. 특목고 입학을 생각하면 과정은 조금 달라질 수 있다.

필자는 현장 강사 출신인지라 아무래도 현실적인 얘기도 좀 해봐야겠다. 과학고등학교나 외국어고등학교에 크게 욕심이 있는 부모님은 조금 다르게 접근할 필요도 있다. 전략적 선행 학습도 일부 필요하고, 자유학기제를 진학 계획의 일부로 삼을 수도 있을 것이다. 그렇다고 해서 자유로워진 시간만큼 모두 학원 수업으로 채우고 아이들을 입시의 틀에 가두라는 얘기는 결코 아니다. 새로운 플러스 알파를 시도하는 기간이 되어야 한다는 의미이다.

어떤 경우든 자유학기제에 해야 할 것을 한 가지 키워드로 딱 짚어 보자면 바로 '독서량 충전'이다. 필자는 전략적인 측면에서 자유학기제 기간을 아이들이 부족한 독서량을 채우는 기간으로 삼길 추천한다. 중학교 3학년이 되면 특목고를 준비하든 준비하지 않든 고등학교 진학을 준비하며 그에 맞춰 학습량이 늘어난다. 그렇게 되면 책 읽을 시간이 줄어든다. 물론 시간만 낸다면 방학 때이든, 고등학생이 되어서든 책은 읽을 수 있지만, 자유학기제처럼 교과 부담이 없는 시기라면 바로 부족한 독서량을 채울 수 있는 적기라고 할 수 있다.

특목고를 준비하는 상황이라면 진로에 맞게, 전략적인 독서 계획을 짜볼 수 있을 것이다. 만약 중학생 자녀를 둔 부모님이라면 이 책의 다른 장에서 소개하고 있는, 도서관 방문에 재미 붙이기, 서점에서 책 고르기, 기행문이나 일기 쓰기, 블로그 활동 및 뉴미디어 활용으로 글쓰기, 영화 감상이나 전시 관람으로 비평적 글쓰기 익히기, 이 모든 활동을 시도해볼 수 있는 좋은 시기가 자유학기제 기간이 아닐까 한다.

필자가 이 책의 전반에서 강조하고 있기도 하지만, 이렇게 '누적된 독서량', '인생의 독서 총량'은 시간이 지날수록 큰 차이를 만들어낸다. 과학이나 외국어의 경우 각각 독서 와중에 쌓인 지식들이 이후에 양념처럼 아이들에게 도움이 될 것이고, 또한 체계적 독서를 통해 길러진 독해력과 논리력은 모든 교과목의 학습 능률을 끌어올리는 지렛대 역할을 할 수 있기 때문이다

아이에게 시간적 여유가 생긴다고 해서 나머지 시간을 참고서나 인터넷 강의로 채우는 것은 정말로 바보 같은 일이다. 자유학기제는 보통 중학교 1, 2학년 때 실시하는데, 나이로 치면 한창 야외 활동을 하고, 세상 사물에 대한 호기심을 키울 때다. 특목고 준비를 한다고 해도 똑같은 학습을 더 영리하게 자발적으로 시킬 수 있는 방법이

있음을 잊지 마시길 바란다.

만약 꼭 선행 학습을 시켜야만 한다면, 기간에 맞는 계획과 목표를 분명히 세우길 권한다. 이를테면, 추천하고자 하는 방법은 '특정 개념 끝내기'처럼 시작과 끝을 정해두고 기간에 맞는 성취 목표를 정해두는 방법이다. 즉, 차라리 선행 학습을 한다고 해도, 수학의 '이차 함수' 개념 정리를 목표로 한다든가, 영어의 특정 문법 영역 정복을 목표로 한다든가, 역시 결과물을 남기고 끝맺음을 통해 아이들이 뿌듯함을 느끼게 해줄 수 있는 방식이어야 한다.

그런 경험을 스스로 복기하고 일기체의 에세이로 정리해볼 수 있도록 권해보는 것도 좋다. 계속해서 끝나지 않는 숙제의 굴레를 살게 하는 방식이어선 안 된다. 적절한 사교육의 도움을 받더라도, 애들 잡아 두고 시간만 채우는 학원보다는 효과적인 전략을 함께 고민해주는 멘토를 잘 찾아야 할 것이다.

미래를 살아갈 자녀를 위해 필요한 능력들

이제 자녀에게 필요한 소양을 고민할 때 '미래'에도 관심을 둘 필요가 있다. 이 책을 기획하기 시작한 초기에 마침 '알파고 충격'이 대한민국을 강타했다. 처음에는 많은 이들에게 경각심을 불러일으켰지만, 이제는 그 여파나 인공지능에 대한 막연한 두려움은 좀 잠잠해졌다. 하지만 그 이후로 몇몇 부모님들은 '인공지능 시대를 살아갈 자녀들'에 대해 묻기 시작했다. 자기들이 성장한 시대와 다른 시대에 아이들이 살아가리라 직감한 것이다.

덕분에 필자가 '미래에 필요한 역량'에 대해 설명하기가 더 수월해진 것 같다. 논술형 인간의 소양과 능력은 미래에도 통할 수 있을까? 미래를 살아갈 자녀에게 필요한 능력들은 무엇일까? 먼저 미래에 대해 얘기하려면 구체적으로 10년, 20년 후의 미래가 어떤 조건에 처하게 될지를 생각해봐야 한다. 필자가 생각하는 미래의 교육과 직업 환경은 다음과 같은 요소를 갖고 있다.

- 지금도 온라인에는 교육적 자원이 넘치고 있으며, 이는 앞으로도 계속해서 늘어날 것이다.
- 산업과 사회의 변화는 더 가속화될 것이다. 아이들은 부모 세대보다 훨씬 급변하는 환경에서 살아갈 것이다.
- 인공지능과 같은 새로운 기술들로 인해 직업 생활에서 필요한 것은 지식보다는 활용 능력으로 옮겨갈 것이다.
- 표준화된 기준을 갖고 겨루는 경쟁보다, 유니크함(독특하고 유일한가)에 대한 경쟁이 더 중요해질 것이다.

이와 같이 단정적 어조로 서술된 전제에 전적으로 동의하지 않는 분들도 계시겠지만, 이미 상당 부분 현재 이미 벌어지고 있는 일이며, 그 일이 계속해서 이어지거나 가속화되고 있는 것이라 서술한 것이다. 요약하면 빠른 사회 변화, 인공지능으로 인한 직업의 역할 변화, 충분한 교육적 자원의 보급이다. 그러므로 필자가 생각하는 미래에 필요한 능력을 정리하면 다음과 같다.

- 문제를 스스로 정의하고 교육 자원을 이용할 수 있는 학습 능력
- 변화를 읽고 적응하기 위한 적응력(개방적 자세와 열린 태도)
- 머리로 아는 것이 아닌 행동으로 실천할 수 있는 활용적 능력

· 창조적 개성

다보스포럼에서 발표된 '직업의 미래The Future of Jobs' 보고서는 2020년 이후 요구되는 첫 번째 교육 목표로 '복잡한 문제를 푸는 능력Complex Problem Solving Skills'을 꼽았다. 보고서에서는 이를 '이전까지 정의되지 않았던 새로운 속성의 복잡한 일을 해결하는 능력'이면서 '여러 직종을 뛰어넘는Cross-functional' 능력이라고 설명한다. 이는 '경영'이나 '법', '공학', 이렇게 한 가지 전공이나 분야에 국한되지 않은 융합적 역량이 있어야 한다는 의미다. 미래에 시장에서 이런 능력을 갖춘 사람이 필요한 것 대비, 지금과 같은 수요 추세로는 계속해서 인력이 부족할 것이라는 설명이다.

이러한 연구 결과들이 가리키고 있는 결론은 간단하다. 기존의 교육 시스템 안에서 가만히 앉아 수업을 듣는 형태의 교육을 받아서는 미래에 살아남을 수 없다는 것이다. 기존에 해법이 마련되어 있는 문제들은 배우면 된다. 하지만 새로운 문제들은 스스로 가설을 세우고 분석해 나가며 풀어야 한다. 여기에는 논리적인 인문적 능력뿐 아니라, 통계적 수학적 사고까지 포괄하는 분석 능력이 필요할 것이다. 이는 일종의 '연구research' 역량이라 할 수 있다.

과연 연구 역량이란 무엇일까? 그것은 자신이 궁금한 것에 대해 연구 문제를 정의하고, 그 연구 문제에 맞는 방법을 찾고, 실질적으로 조사를 진행하는 능력을 포괄한다. 이제는 정말로 중고등학생들도 자신들만의 '연구'에 좀 더 쉽게 도전할 수 있는 시대가 되었다. 최근 몇 년 사이에 온라인 상에는 모든 콘텐츠가 폭발적으로 팽창했고, 전문 지식의 영역도 마찬가지였다.

필자가 처음 대학원에 다니던 시기만 해도 '구글 학술 검색Google Scholar(실은 모두들 구글 스콜라라고 부른다)'이 베타 서비스 상태였다. 지도 교수님은 자기가 대학원생 시절에는 얼마나 도서나 최신 논문을 구하기 어려웠는지, 참고문헌을 정리하기 위해 얼마나 원시적인 노트를 썼는지 설명하며, 구글 스콜라가 있는 시대에서 공부하는 것을 감사하라고 말씀하곤 하셨다.

그런데 지금은 수 년 만에 구글 스콜라가 더욱 발전함은 물론, 리서치 게이트Research Gate와 같은 학술 정보 공유 서비스까지 등장했다. 이제 중고등학생도 손쉽게 해외의 최신 학술 논문을 검색해볼 수 있게 되었다. 위키피디아나 각종 MOOCMassive Open Online Course(온라인 공개 수업), 그 외에 넘치는 자료에 대한 얘기는 이미 상식으로 알려진 내용이다. 필자도 호기심에 아이비리그 대학들이 제공하는 공개 온라인 강의를 들어보았는데, 도입 초기와 달리 영상 녹화의 품질이나 온라인 사용성도 훨씬 좋아진 상태였다.

하지만 자원이 펼쳐져 있다고 해서 누구나 그것을 잘 사용할 수는 없다. 그 펼쳐진 자원을 '사용하는 방법'들의 노하우도 따로 있게 마련이다. 난이도에 맞춰서 스스로 배울 것을 찾으려면, 전체 학습에 대한 로드맵을 알아야 한다. 무작정 검색어를 날려선 적절한 학습 계획을 세울 수 없고, 선행 지식을 채우고 단계별로 알아 나가야 한다.

몇몇 중고등학생들이 착각하는 것 중의 하나가 대학 졸업하면 '공부'가 끝난다는 생각인데, 안타깝게도 현실은 그렇지 않다. 최근 점점 커지고 있는 성인 교육 시장을 보자. 직장인의 자기계발 욕구는 사회적 압박에 의한 관성이기도 하지만, 이대로는 버틸 수 없다는 불안감에서 나오는 부분도 클 것이다.

필자와 함께 사교육계에 종사하던 선생님 몇 분도 성인을 대상으로 하는 평생교육 시장으로 옮겨갔다. 물론 이는 감소하는 청소년 인구라는 배경적 이유도 있다. 하지만 성인이 되어서도 계속 새로운 것을 배워야 한다는 흐름은 이미 시작되었다. 이제 자녀 세대는 평생 새로 배우며, 평생 새로운 진로나 직업에 도전하는 세대가 될 가능성이 크다.

불과 20년 전만 해도 대한민국에서는 확정된 '시험'도 '점수'도 지금보다는 더 중요했다. 대학 학점이나 각종 고시, 자격증, 이렇게 시험을 통해서 얻을 수 있는 것들이 힘을 발휘했다. 물론 여전히 공무원 시험에 사람들이 몰리고, 객관식 평가가 사라진 것은 아니다. 그럼에도 이제는 직장 생활 3년차 경력만 되어도, 아무도 토익 점수를 묻지 않는 시대로 가고 있다.

이제 토익 점수를 묻는 대신에 이렇게 묻는다. "해외 바이어한테 이메일 써봤어?", "통역 없이 출장 가능하지?" 그리고 실제 해외 교환학생이나 어학연수를 거친 청년들은 이에 자신 있게 대답한다. 그런 이들 앞에서, 학원 다녀서 따놓은 토익 900점은 너무도 무색하다. 계속해서 공부하며 '활용 가능한' 지식을 쌓는 일이 중요하며, 성인이 되어서도 자기계발은 계속된다.

지금 이 책을 보는 어머님들이 어린 자녀를 두고 있다면, 그들이 자랄수록 변하는 미래를 함께 바라보아야 한다. 게다가 이제는 인공지능이나 여타 기술이 발달하는 만큼, 주어진 지적 자원과 기술적 도구를 활용하고, 스스로 계속 학습해 나가는 능동성이 훨씬 중요해질 것이다. 이것은 문과와 이과 관계없이 앞으로는 모든 아이들에게 동등하게 다가올 변화이다.

그런데 여기에 하나 더 필요한 능력이 있다. 다보스포럼의 '직업의 미래' 보고서에서 '복잡한 문제를 푸는 능력' 다음으로 중요하다고 언급된 것은 '사회적 능력Social Skills'이다. 이는 '협업하는 능력', '타인을 이해하는 감성 지능', '협상과 설득', '타인에게 지식을 전달하는 능력' 등을 포함한다. 보고서는 이렇게 사회적 능력이나 문제해결 능력을 '기술적 능력Technical Skills'보다 훨씬 더 중요한 능력으로 전망하고 있는데, 이는 시사하는 바가 크다.

앞으로 소위 4차 산업혁명 시대라고 하는데, 공학적 지식이나 프로그래밍 능력보다 '사회적 능력'이 더 중요하다니 무슨 의미일까?

인공지능 시대일수록 인간성이 중요하다는 막연하고 단순한 얘기가 아니라, 이는 산업적인 수요와 공급을 기반으로 한 분석에 따른 결론이다. '기술적 능력'이 필요한 일자리는 많을테지만, 다만 그러한 사람들은 현재의 교육 시스템을 통해서 미래에 더 많이 공급될 수 있다. 그보다 기르기 힘든 능력이 바로 협업 능력이다. 이제 더 많은 분야에서 융합적 역량이 필요해지기 때문에, 혼자 모든 것을 해결할 수 없다면 그만큼 '협업 능력'이 중요해지는 것이라 이해할 수 있다.

그럼 먼저 얘기한 네 가지에, '사회적 소통과 협업 능력'을 더하여, 미래를 살아갈 자녀에게 필요한 능력들을 다음과 같이 정리해볼 수 있다.

· 문제를 스스로 정의하고 교육 자원을 이용할 수 있는 학습 능력
· 변화를 읽고 적응하기 위한 적응력(개방적 자세와 열린 태도)
· 머리로 아는 것이 아닌 행동으로 실천할 수 있는 활용적 능력
· 창조적 개성
· **사회적 소통과 협업 능력**

그럼 이렇게 미래를 살아갈 자녀에게 필요한 능력들을 과연 논술 교육으로 키울 수 있을까? 그런 덕목은 논술형 인간의 능력과 일치하는가? 단정지어서 '그렇다'라고 얘기하기는 어렵다. 논술 교육이 모든 것을 해결해주리라 얘기하는 것은 더더욱 아니다.

하지만 미래에 필요한 능력의 바탕을 만드는 데에, 논술 교육은

효과적인 '도구'가 될 수 있다. 미래를 준비하기 위한 포석에 있어야 할 습득, 표현 능력과 더불어 비판적 사고를 기르는 것이 논술 교육이기 때문이다. 오히려 논술 교육은 변화하는 미래에 대응하기 위한 아주 기본적인 단계라 할 수 있다. 즉, 논술형 인간은 미래를 성공적으로 살아가기 위한 충분 조건이 아닌 필요 조건에 불과하다.

필자가 이렇게 '미래'를 강조하는 이유는 결국 목적과 방향성에 의해, 지금 이 순간 자녀의 교육 지침도 달라질 수 있기 때문이다. 자녀에게 책 읽는 습관을 선물하는 것도 중요하지만, 그렇게 형성된 능력을 어떻게 직업 선택이나 사회적 성공을 위해 활용할지 함께 고민해주는 것도 필요하다.

자녀를 교육하는 부모들은, 사회에서 요구되는 능력의 변화보다 교육 시스템의 변화가 훨씬 느리다는 것을 알아야 한다. 지금의 교육 시스템을 무작정 따라가면 언젠가 '늦었다'라고 후회하게 될지도 모른다. 부모들 스스로가 먼저 세상의 변화를 감지하고, 개방적 자세와 열린 태도로 자녀의 교육에 대해 고민할 때 자녀는 미래를 향한 열차를 타고 앞서 나갈 수 있을 것이다.

가짜 논술형 인간을 조심하자

현실 세계를 살아가다 보면, 자녀 교육을 위한 길잡이로서 지향점을 알려주는 것뿐 아니라 '피해야 할 것'을 알려주는 것도 필요하다. 세상을 살아가다 보면 '가짜 논술형 인간'을 보게 된다. 우리 주변 곳곳에 있다. 이들은 '반면 교사'이다. 즉, '저렇게 하면 안 된다'라고 알려주는 것이 '가짜 논술형 인간'이다.

좋은 논술 선생님을 찾는 과정에서 우리는 종종 가짜 논술형 인간을 만난다. 그들은 문자 그대로, 언뜻 보면 논술형 인간처럼 보이지만 사실은 가짜인 사람을 뜻한다. 여러 가지 유형이 있지만, 공통점은 일관된 논리와 정당한 태도 없이 임기응변만으로 자신이 똑똑한 척한다는 것이다.

가짜 논술형 인간의 사례는 주변에서도 심심찮게 살펴볼 수 있다. 필자가 자주 만나는 대표적인 유형으로는, 굉장히 똑똑한 어머님처럼 보였지만 알고 보니 남의 말은 듣지 않는 '고집쟁이'인 경우이다. 이런 분들은 자기도 모르는 사이에 자녀 교육에 악영향을 미친다. 실제로 학력이 괜찮고 사회적으로 성공한 부모라고 해도, 자녀에게 일방적으로 자신의 의견을 강요하는 분들이 굉장히 많다. 자녀에게 정당한 토론 상대가 되어주지 못하는 부모들이다.

이런 부모의 사례는 해마다 꼭 몇 명씩 보게 된다. 자세히 보면 자녀들을 기가 죽어 있고 자기 의견을 잘 드러내지 못하는 경우, 그 부모가 자녀를 대하는 태도에 문제가 있는 경우가 많다. 부모 자신은 똑똑하지만 좋은 태도로 아이들을 대하지 못한 경우이다. 장기적으로 자녀에게 부정적인 영향을 미칠 수밖에 없다.

한편 소위 공부 잘하는 학생 중에도 가짜 논술형 인간이 있다. 이를테면 똑똑한 줄 알았는데, 실제로는 외우기만 잘하는 헛똑똑이인 경우가 다반사다. 풍부한 지식을 갖고 있긴 하지만, 그 지식을 재조직화해서 자신의 의견과 근거로 만들어내지 못하는 아이들이다. 시험 문제는 잘 풀지만 스스로 문제 제기를 하고 비판적으로 사고하는 능력은 떨어지는 경우가 많다.

그렇듯 우리가 사회에서 볼 수 있는 가짜 논술형 인간의 유형 중 가장 대표적인 것은 '지식 자랑쟁이'다. 이들은 아는 것이 많다. 물론 때로는 그것을 인정하고 존중해야 할 때가 있다. 지식만 많아도 전문가로 인정받을 수 있는 분야도 많기 때문이다. 그런데 타인을 설득하고 리더십을 발휘하려면 지식만 있다고 되는 것이 아니다. 구슬

이 서 말이라도 꿰어야 보배이기 때문에, 충분한 '논리'가 없다면 어렵게 쌓은 지식도 쓸모 없는 경우가 많다.

아는 것은 많지만 자기 주장은 없는 유형이 있다면, 아는 것도 없이 자기 주장만 있는 유형도 있다. 바로 '말싸움쟁이'들이다. 맨 앞에 얘기한 고집쟁이 어머님도 비슷한 경우이다. 말싸움을 잘하는 이들은 언뜻 보면 논리적인 사람처럼 보인다. 말주변이 있어서 오목조목 따져가며 얘기하거나, 어려운 표현을 써가며 말을 포장한다.

하지만 자세히 살펴보면 실은 오류투성이에다가 일방적으로 자기 주장만 강요하는 사람들이다. 우리가 이런 '말싸움쟁이'들을 가장 쉽게 볼 수 있는 곳은 바로 정치권이다. 이런 '말싸움쟁이'들은 문자 그대로 말싸움을 잘하면서, 또 말싸움에서 자주 이기는 사람들이다. 종종 어떤 이들은 말싸움에서 항상 이기기만 한다. "말싸움 하면 제가 다 이겨요."라고 말하는 이들은 때로는 자신이 비논리적인 사람임을 스스로 시인하는 것이다.

정당한 토론에서 한 사람이 계속 이기기만 할 수는 없다. 순환 논리 혹은 동어 반복뿐이어서 빠져나갈 수 없게 만드는 사람들, 상대방의 논리 일부분만을 공격해 전체를 호도하거나, 남의 얘기는 듣지 않고 대안 없는 비판만 늘어 놓는 사람들, 이런 사람들 상대로는 정말이지 '이길 수가 없다'. 대부분은 말이 안 통하니 져주는 것이거나, 더 얘기하기 피곤하니 접어주는 것이지만, 그들 스스로는 자신이 똑똑한 줄 아는 것이다. 자기 주장을 하느라 남의 말은 듣지 않는 사람들, 이들이 가짜 논술형 인간의 대표적인 유형이다.

이들의 특징은 언뜻 보면 똑똑하고 대단해 보이기도 한다는 것이다. 언변과 처세에 능하기 때문이다. 하지만 우리는 배움을 구할 때도 사이비를 조심해야 하고, 또 우리 스스로가 사이비가 되지 않도록 조심해야 한다. 내가 대화하는 사람이 가짜 논술형 인간이 아닐까 늘 생각해봐야 하지만, 사실 가장 중요한 것은 나 자신이 그 가짜가 되지 않을까 반성하는 일이라는 얘기다.

부모 스스로는, 자신이 아이에게 합리적으로 대한다고 생각했지만 실은 자기 모습이 가짜 논술형 인간의 일부는 아니었을지, 반성해볼 필요가 있다. 아이들이 헛똑똑이가 되지 않도록, 균형 잡힌 논술형 인간의 상으로 길러주기 위해서는 가야 할 길이 멀다. 그 먼 길 와중에 큰 틀에서 '가야할 길'과 '가지 말아야 할 길'을 알아두는 것도 중요하기에, 가짜 논술형 인간에 대해 설명해보았다.

자녀를 논술형 인간으로 길러주고자 하는 목적은 분명하고 간단하다. 바로 이 사회에서 필요한 '유능함'을 심어주는 것이다. 세상은 험난하지만 가짜에서 벗어나는 이들이 결국 리더십을 얻고 사회에 긍정적인 영향을 미칠 수 있다. 가까운 주변에서부터 긍정적 영향을 미치며 성장해 나가는 성취감이야말로 아이들에게 줄 수 있는 최고의 선물이다.

종종 가짜이지만 임기응변으로 어찌 사회에서 자기 위치를 유지하고 있는 사람들도 많다. 제법 전문가인 척 살아가거나, 조직 내에서 잘 버티는 사람들이다. 하지만 그들은 위태로우며 언제 자신의 위치를 내려놓게 될지 모르는 사람들이다. 사이비는 시간이 지나면 대부분 결국 들통난다. 그러니 자녀의 긴 인생을 생각하자면, 가야 할 길과 가지 말아야 할 길의 방향을 일러주는 것은 정말이지 중요한 것이다.

현실에서 만난 논술형 엄마들

이 책에서는 '논술형 엄마'를 이상적 개념처럼 얘기하고 있다. 여기서 일종의 이상적 개념으로서의 '논술형 엄마'와, 필자가 직접 만났던 어머님들의 실체인 '논술형 엄마'를 약간 구분해서 얘기할 필요가 있을 것 같다. 이번에는 후자의 경우, 즉 실제로 만났던 바로 그분들은 어떤 분들이었는지도 얘기를 좀 해보고 싶다. 그러니까 필자에게 배움과 통찰을 주었던 그 어머님들의 '논술형 엄마적인 면모' 외의 다른 일반적인 면모에 대한 것 말이다.

먼저 조금 아이러니한 일이라고도 생각하는데, 논술형 엄마의 직업 중에 가장 많은 것은 다름 아닌 학교 선생님이었다. 초등학교 선생님, 중고등학교 선생님에, 기간제 교사와 대학 교수까지 모두 합친다면, 누군가를 가르치는 일을 하시는 분들이 가장 많았다. 20대 중반의 어린 나이에 처음 학원 일을 하던 시기에는, 필자는 약간의 의아함도 느꼈다. 가장 열심히 학원을 보내는 어머님들이 학교 선생님이라니, 요즘은 사교육을 공교육의 대립항으로 생각하진 않지만 당시에는, 왜 학교 선생님들이 굳이 비싼 돈을 주고 비교과인 논술학원에 보내는지 잘 이해가 되지 않는 부분도 있었다.

지금은 사교육을 공교육의 보완재 정도로 생각하고 있으므로 충분히 이해가 된다. 학교 선생님인 어머님들은 오히려 학교가 해줄 수 있는 부분과 학교가 해줄 수 없는 부분을 구체적으로 잘 알고 계셨던 것 같다.

종종 어머님들이 중고등학생들의 성향과 태도를 무척 잘 알고 있어서, 가르치는 입장에서 한 수 배우는 기회가 된 적도 있었다. 학부모 상담을 하자고 들어가서 한국의 교육 문제에 대해 토의하게 되거나, 교육 방법과 방향에 대해 공감하게 되는 것, 이런 경험들은 개인적으로 필자에게 도움이 되고 즐거운 일이기도 했다.

어쩌면 어머님들 스스로가 선생님이고 또 가르치는 일을 하다 보니 생활 속 교육에 대한 통찰이 있었던 것이 아닐까 한다. 평소에 아이들의 학습 습관을 어떻게 잡아주어야 하는지, 일상에서 교육적으로 어떻게 지도해야 하는지 알고 계시는 것이다.

물론 학교 선생님이라고 해서 모두 자기 아이들을 잘 키우는 것은 아니다. 자녀를 학원에 데리고 오는 부모님 중에는 선생님이면서도 아이를 학원에 맡기기만 하고 평소 습관은 제대로 잡아주지 못한 경우도 많았기 때문이다. 이는 어쩌면 한국 현실에서 워킹맘들의 어려움일 수도 있다. 그래도 전반적으로 학교 선생님인 어머님들은 논술을 일찍부터 시켜야 한다는 사실 자체는 잘 알고 있는 편이었다. 논술 같은 심화형 학습은 학교에서 해주기 어렵다는 것도 잘 알고 있었던 것 같다.

논술형 엄마들의 직업은 선생님인 경우가 아니라면 전업주부가 제일 많았다. 아무래도 직장이 있는 어머님들보다는 아이들과 대화할 시간이 많고, 평소에 더 많은 관심을 쏟을 수 있으니 당연한 일일지도 모른다. 다만 전업주부이지만 그냥 집안 일만 하시는 게 아니라 뚜렷한 취미가 있거나, 봉사활동을 하시거나, 여러 활동을 하는 분들이 많았다.

이런 것들은 아이들의 이야기 속에 나타나는 경험을 통해서 자연스럽게 알게 된다. 이 책의 다른 장에서 구체적으로 서술하기도 했지만, 작은 활동이라도 어머님이 새로운 경험에 적극적이고, 또 배우는 것을 좋아한다면 그것이 아이들에게 긍정적인 영향을 미칠 것이다.

한 가지 흥미로운 것 중의 하나는, 논술형 엄마들은 논술형 엄마들끼리 통하는 구석이 있는 것 같다는 점이다. 비슷한 논술형 어머님끼리 친한 것을 여러 차례 보았다. 아이들끼리 친해서 그 덕분에 엄마들끼리 개인적으로 친해진 경우도 있고, 혹은 같은 동네이다 보니 엄마들끼리 서로 '학교 모임' 등을 통해 커뮤니티를 형성한 경우도 있었다. 원래 성향이 비슷한 사람들끼리 친해진 것일 수도 있고,

어느 한쪽이 다른 쪽에 영향을 준 것일 수도 있다. 대체로 상위권 학생 엄마들끼리는 묘한 연대감을 형성하는 듯하다. 친한 엄마들끼리 유사한 교육 철학을 공유하고, 좋은 학습 정보를 공유하면서 시너지가 나는 부분도 있었을 것이다.

필자가 보통 엄마도 '논술형 엄마'로 변신할 수 있지 않을까 생각한 단서도 사실 거기에서 얻었다. 뚜렷한 교육 철학을 갖고 자녀 교육에 성공한 어머님 한 분이 있으면, 그에 관한 얘기를 들으면서 주변의 다른 엄마들도 영향받는 모습을 본 것이다. 엄마들 사이에 상호 신뢰가 있다면 교육에 대한 철학이나 관점도 전염되는 것 같다.

엄마끼리 친구인데 각각 자녀들이 좋은 교육을 받아서, 서로 좋은 친구이자 토론 상대가 된다면 더할 나위 없는 시너지 효과가 날 것이다. 이 책의 다른 장에서도 언급하고 있지만, 아이들에게는 좋은 엄마뿐 아니라 또래의 좋은 토론 상대가 필요하기 때문이다. 이 책을 읽는 독자 분도 주변에 마음이 잘 통하는 엄마가 있다면, 이 책을 추천하고 함께 읽으면서, 논술형 엄마가 되는 길에 대해 함께 고민해보면 어떨까? 무엇이든 함께 토의할 대화 상대가 있다면 내가 생각하지 못한 것들을 볼 수 있게 되니 말이다.

그런 부분 외에 논술형 엄마들의 특성을 관찰해보니, 꼭 고학력인 것은 아니었다. 일일이 부모님들에게 어느 학교를 나왔고, 대학원은 나왔는지 아닌지 확인한 것은 아니지만, 전반적으로 어머님과 아이들에게 듣게 되는 얘기에서 어머님의 교육 수준에 대해 경향성을 찾을 수는 없었다. 많은 학부모님들을 만나다 보면, 좋은 학교에 석사 학위까지 있다고 들었지만 자녀 교육에 대해선 꽉 막힌 어머님도 있고, 사회적으로 성공한 전문직이었지만 아이 문제에 대해선 제대로 손쓰지 못하는 어머님도 많았다.

반면에 자신이 더 많이 공부하지 못한 아쉬움을 갖고 있지만, 교육에 대해서 만큼은 명확한 관점을 갖고 아이를 무척 좋은 대학에 입학시킨 어머님도 있었다. 필자가 책의 서두에서 언급했듯이, '논술형 엄마'가 꼭 스스로 '논술형 인간'일 필요는 없는 듯하다. 공부는 아이가 하는 것이니, 엄마가 박식하지 않아도 좋은 환경을 제공해주는 데 전념한다면 아이는 똑똑해질 수 있다.

필자가 '논술형 엄마'라는 표현을 책 전체에서 개념어로 사용하고 있어서 마치 어떤 이상적인 모습이 있을 것 같지만, 현실에서 만난 논술형 엄마들은 어찌 보면 제각각 보통 엄마들이었다. 물론 자녀들의 성장을 보면 그냥 평범한 엄마라기에는 특별함을 많이 지닌 분들이었지만, 주변에서 보기 힘든 저 먼 세계의 분들은 아니었다는 얘기다. 또 논술형 엄마라고 해서 모두 자녀 교육에 여유롭고, 자녀에게 신뢰가 충만하여, 아이가 알아서 하도록 놔두는 분들만 있었던 것도 아니다.

그러니까 자기 마음은 무척 답답하기도 하고 간섭도 하고 싶지만 '아이들이 스스로 하도록 놔두어야 한다'는 것을 알고 있어서 꾹 꾹 참는 듯한 분들도 계셨기 때문이다. 그저 아이가 많은 것을 스스로 하도록 놔두어야 한다는 것을 지식과 경험으로 알았던 것이다. 속마음은 어려울 수 있어도, 그런 것을 티 내지 않고 아이를 어떻게 대해야만 하는지 원칙을 잘 지켜서 성공한 어머님들도 있었다.

논술형 엄마라고 묶어서 얘기하면 마치 모두 비슷한 분위기를 지닌 분들이라 생각하는 사람도 있을 수 있으나, 현실은 당연히 그렇지 않다. 키가 큰 어머님, 키가 작은 어머님, 통통하신 어머님, 마르신 어머님, 말투가 차분하신 어머님, 쾌활하고 말이 많으신 어머님, 모두 제각각이었다. 즉, 논술형 엄마라는 것은 어디까지나 아이를 대하는 태도와 교육의 철학, 그 관점에서 오는 것이지, 개인적 성격의 문제는 아니라는 점을 얘기하고 싶다.

당연한 얘기지만 논술형 인간인 아이들의 성격도 천차만별이다. 과묵하지만 자기 주장은 또렷한 아이도 있고, 박학다식하고 수다쟁이여서 오지랖 넓게 모든 친구의 숙제에 간섭하는 아이도 있다. 평소에는 멍해 보이는데 발표를 시키거나 글을 쓰게 시키면 기가 막히게 수려한 녀석도 있고, 딱 보기에도 모범생이면서 자기 할 일 잘 챙기고 글도 잘 쓰는 아이도 있다. 그만큼 그런 아이들을 키운 어머님도 각각 다양하다는 것이다.

그러니까 혹시나 어떤 독자 어머님이 이 책을 읽으면서 '나는 이 책에서 얘기하는 엄마들과 많이 다른 것 같은데, 나도 그렇게 될 수 있을까' 이런 걱정은 굳이 할 필요가 없다는 얘기다. 필자가 만난 논술형 엄마들이 대단한 다른 세계 사람은 아니었기 때문이다.

물론 교육에 대한 관점에 있어서 논술형 엄마들의 공통 분모가 있고, 그것만큼은 분명하다. 당연한 얘기지만 바로 그 점이 이 책의 주제이다.

아이들에게 맞춤식 교육이 중요하듯이, 어머님들도 자기 스타일에 맞게 각각 조금씩 다른 논술형 엄마가 되기 위해 자기 성격에 맞는 방법을 찾는 것이 중요하다. 다시금, 독자 분들이 이 책 전체를 정답이라고 받아들일 필요는 없으며, 본인에게 맞는 부분을 깨닫고 익히도록 이 책의 내용을 참고하시면 좋겠다. 자신과 맞지 않는다고 생각하는 부분은 넘기면 된다.

마지막으로 현실에서 만난 논술형 엄마들의 공통점을 하나만 더 꼽자면, 대부분 상담을 하고 나면 필자 본인도 마음이 편해진다는 것이었다. 논술형 엄마들은 기본적으로 '경청'하는 태도가 있었기 때문인지도 모른다. 필자도 한 개인으로서 대화 속에 자연스럽게 느낀 것이다. 또한 생각해보면 그 편안함은 선생님인 필자를 믿고 맡긴다는 신뢰에서 오는 것이었다.

다만 무작정 믿고 맡기는 것은 아니고 선생님으로부터 도움을 받아야만 하는 부분을 잘 알고 계신 느낌이었다. 현실의 논술형 엄마들은 당연히 필자보다도 나이가 많고 인생의 선배지만(몇몇 어머님들은 직업이 교사이시니 아이를 가르치는 일에서도 한참 선배시기도 했지만) 논술 교육에서는 존중하며 전문가에게 맡긴다는 태도를 보여주었다. 그 점이 필자로 하여금 마음이 편안하면서도 더욱 열정적으로 아이들을 가르치게 하는 동력이 되기도 했다.

이렇게 현실의 상담실에서 만난 논술형 엄마들은 천차만별인 부분도 있고, 어느 정도 공통점도 있었다. 마지막으로 덧붙이고 싶은 이야기는 이 모든 것이 어디까지나 '필자가 만난' 현실의 논술형 엄마들에 대한 얘기라는 것이다.

필자는 대부분 사교육을 통해서 어머님들과 만났기 때문에 위에서 얘기한 바와 같이, 완전히 가정 교육에 집중하기보다는 여러 외부적 도움도 활용하는 어머님들을 만난 것이다. 그게 아니라 완전한 가정 교육이나 홈스쿨링 교육법만으로 아이를 논술형 인간으로 키우는 부모님들도 분명히 있으리라 생각한다.

학원계를 떠나고 라이프 코칭과 홈스쿨링 분야를 연구하기 시작하면서 그런 분들도 소수이지만 만나본 적이 있다. 그런 분들은 위에서 소개하는 어머님들과는 달랐다. 평범하기보다는 훨씬 개성이 강하고, 사회적인 위치나 직업을 보아도 예외적인 분들이었다. 아이들을 대안학교에 보내거나 학교를 자퇴시키고 홈스쿨링을 할 정도이니 당연히 보통 엄마들과는 다를 것이다.

그렇게 혼자만 가르쳐서 아이를 논술형 인간으로 만들고자 노력하는 분들도 있다. 그러니 필자가 학원을 통해 만난 분들은 조금 더 평범하고 다수에 가까운 논술형 엄마의 모습이 아닐까 생각해본다.

현실의 논술형 엄마들은 자녀 교육에 대해 모든 것을 깨닫고, 능숙능란하기만 한 슈퍼맘들이 아니었다. 아이 교육 문제 때문에 고민도 많은 보통의 엄마들이었다. 또 엄마로서의 너그러운 마음과 엄정한 교육 사이에서 내적 갈등을 하기도 하고, 그만큼 원칙을 지키고자 노력하는 평범한 면모도 많은 분들이었다. 어머님들을 만날 때마다 그 고민과 노력이 느껴지곤 했다. 그러니 결국 작은 노력이 만들어내는 작은 차이들이, 논술형 엄마로 변모하는 길임을 잊지 않으셨으면 좋겠다.

입시 논술에서 라이프 코칭으로 전향한 이유

이번에는 책을 끝맺을 즈음에 이르러 개인적인 얘기를 좀 해봐야 할 것 같다. 필자는 조금 과장하면, 청춘을 입시 논술에 헌신했다. 젊은 만큼 모든 일에 열정적이었는데, '하필' 그 열정을 쏟은 것이 고등학생들에게 글쓰기를 가르치는 것이었다. '하필'이라고 쓰는 이유는 처음부터 논술에 대단한 열정을 쏟을 계획은 아니었기 때문이다.

글쓰기를 가르치는 일은 가벼운 일이 아니다. 시간이 지날수록 상당히 무겁고 고된 일이었다. 왜냐하면 이 책의 전반에서 서술하고 있듯이 그것은 관점을 형성해주고, 사고하는 방법을 가르치는 일이기 때문이다. 또한 한 자아의 주체성을 길러주는 조심스러운 작업이기도 했다. 덕분에 어려운 만큼 뿌듯한 순간도 많았다.

그런데 결과적으로 시간이 흘러 필자는 입시 논술을 떠나왔다. 이 책에서도 많은 내용을 입시 논술 강사 당시의 기준으로 얘기하고 있지만, 현재에는 라이프 코칭과 사고력 학습 쪽에 더욱 전념하고 있다. 책의 중간에 약간 언급하긴 했지만, 여기까지 온 것에 대한 얘기를 조금 더 해보고자 한다.

처음 그 논술에서 '입시'를 떼어내게 되었을 때의 후련함과 아쉬움은 복잡한 감정이었다. 입시 교육에 있다는 것은 가장 전투적이고 치열한 최전선에 있다는 의미이다. 그 팽팽한 긴장감을 즐긴 부분도 있었다. 계속해서 발전해야 했고 그것이 스스로 열심히 산다는 만족감을 주었기 때문이다. 하지만 대부분 학생들을 1년 미만으로 가르쳐야 한다는 아쉬움이 무척이나 컸다.

보통 입시 논술은 고3 한 해 동안, 목표하는 대학에 맞추어 준비한다. 고2부터 준비하는 경우도 있지만 그래봐야 1년 반에서, 2년 남짓 되는 기간 동안 같은 학생들을 가르칠 수 있는 것이다. 여러 학생들을 논술로 대학에 보내면서, 필자에겐 여러 아쉬움이 쌓여갔다. 원하는 교육의 비전을 성취하기 위해선 더 어린 학생들을 더 오랜 기간 가르쳐보고 싶다고 생각했다.

또한 제도권 교육에 대한 회의도 싹트기 시작했다. 더 많은 아이들을 대학에 보내면 보낼수록 "이렇게 유형 분석하고 애들을 '훈련' 시켜서 대학에 보낸다면, 강사로서는 성공이지만 교육자로서는 무슨 의미가 있을까?" 그런 생각이 찾아온 것이다. 풋내기 강사 주제에 인문학을 전공했다는 자존심이 있어서, 마음 한 켠에는 교육자적 욕심이 싹트고 있었다.

입시 논술에서 가장 중요한 것 중 하나는 문제 유형과 예상 내용을 분석하고 거기에 대응하는 것이었다. 또한 입시 논술은 분량과 시간과의 싸움이었기에 더욱이 훈련식 수업을 할 수밖에 없었다.

그런데 시각이 지날수록 학생들이 주었던 자극은 내 삶을 돌아보게 했다. 교복 입고 학원에 다니던 아이들이 여러 해가 지나 성숙한 대학생이 되어 찾아올 즈음에, 필자는 교육의 성과와 그 힘을 또렷하게 살펴볼 수 있게 되었다. 합격과 불합격 여부를 떠나서 오랜 시간 대화하며 가르쳤던 아이들이 어떻게 달라지는지 그 차이를 보게 된 것이다.

필자를 선생님으로서 뿌듯하게 해주었던 학생들은, 단기간에 열심히 해서 좋은 대학에 가는 학생들이 아니었다. 그보다는 자기 주관을 갖고, 자기 주장을 펼치며, 자신의 삶을 설계해 나가는 학생들이었다.

이 책의 서두에서도 몇 차례 언급하였지만, 좋은 '논술형 인간'의 자질을 가진 아이들은 설령 운 나쁘게 논술 전형에서는 낙방하고 다른 전형으로 대학에 가더라도, 만족스러운 대학생활을 하는 경우가 훨씬 더 많았다. 학점 관리도 꼼꼼하게 잘하면서 온갖 페스티벌에 공연을 보러 다니기 시작하며 자신이 원하는 것을 찾고, 검도나 수영 등 평소에 하고 싶었던 운동을 모두 해본다는 아이도 있었다. 공모전에 나가서 입상을 하거나, 좋은 기업에서 인턴을 하며 진로에서 성과를 내는 아이, 남자친구가 생겨서 함께 봉사활동도 하고 의미 있는 삶을 살아보게 되었다는 아이, 이렇게 아이들의 풍부한 삶에 대한 얘기를 들을 때 무척 기분이 좋았다.

성장한 모습으로 돌아와서 자신만의 이야기를 펼치는 아이들은 오히려 교육자로서 더 큰 보상으로 다가왔다. 정말인지 아이들이 나더러 들으라고 해준 소리인지는 모르지만, "선생님이 해주었던 이야기들이 대학생이 되어서도 많은 도움이 되었어요."라는 얘기를 들을 때마다, 종종 자신에 대한 반성과 부끄러움이 몰려오기도 했다. 내가 했던 몇 개의 말들이 시간이 지나 되돌아오는 기분이었다. 그러니 나 자신 스스로 선생님으로서 타성과 관성에 머물러 있을 수는 없었다.

그렇게 논술 수업에서 라이프 코칭으로 전향한 이유는 내가 지도한 학생들의 '더 좋은 삶'이 당장의 '대학 합격'보다 훨씬 큰 보상으로 다가왔기 때문이다.

'수업'이 아니라 '코칭'인 이유는 학생 옆에서 함께 뛰며 상호작용하기 때문이고, '논술'이 아니라 '라이프'인 이유는 청소년기에 겪는 문제나 변화를 포함하여 아이의 삶 깊숙이 들어갈 때에 학업의 성과를 더 크게 얻을 수 있다고 깨달았기 때문이다.

라이프 코칭으로 전향하고자 마음먹은 이후에는, 평소에 읽는 책부터 바꾸기 시작했다. 교육학뿐만 아니라, 교육 심리, 교육 공학에 이르는 세부 분야에 대해 스스로 학업을 쌓기 시작했다. 또한 학습 이론에 대해 배우기 위해 인지 과학을 공부하고, 폭넓게 아이들의 삶을 돌아보기 위해 청소년 지도에 대한 내용까지 둘러보았다. 또한 석사과정 대학원을 다니며 디지털 교육 매체에 대한 연구를 진행하기도 했는데, 이 또한 매체 자체에 집중하기보다는 어떻게 하면 아이들을 더욱 잘 교육시킬 수 있을까 하는 방법론에 대한 것이었다. 어렵기도 했지만 흥미로운 시간의 연속이었다.

조금 늦다면 늦은 나이이고, 이르다면 이른 나이에 필자는 새 꿈을 찾았다. 아이들에게는 너희들이 '하고 싶은 일'을 찾으라 하고, 가장 즐겁게 열정적으로 배울 수 있는 것들을 배우고 연구하라고 가르치면서, 선생님인 내가 그 반대로 살 수는 없었다. 아이들을 어떻게 더 계발시킬 수 있을까, 내가 어떤 교육 단계에서 어떤 태도로 아이들을 대할 때 더 긍정적으로 변화시킬 수 있을까, 이런 것들을 고민하는 일이 즐거웠다.

변화의 계기도 아이들이 주었고, 새로운 일의 뿌듯함도 아이들이 준 셈이다. 과연 교육자의 삶이란 결국 가르치는 대상인 학생들과 분리될 수 없다는 것을 느낀다. 결국 가르치는 사람의 삶도, 학생과의 관계 속에서 함께 변화하고 성장해 나가는 과정 속에 있는 것이리라 믿는다.

◈ 5장 요약 ◈

아이를 학원에 보내는 올바른 자세

- 사교육을 택한다면 공교육의 대체제로서 자녀에게 부족한 부분을 명확히 파악하고 전략을 세워야 한다.
- 학원을 알아보고 선생님을 정할 때도, 아이와 기준에 대해 토의하고 아이에게도 선택권을 주도록 하자.
- 논술학원의 경우, 교재를 통해 역량을 확인하고, 선생님이 내 아이에게 쓰는 '시간'을 확인해보자. 그리고 어떤 아이들이 그 학원에 다니는지 살펴보자.

입시 직전 단기 논술, 효과 있을까

- 입시 직전 단기 논술이 효과가 없는 것은 아니지만, 대부분은 아이가 그동안 쌓아온 기초적인 어휘력, 문장력, 논리력이 훨씬 더 중요하다.
- 단기 특강을 선택해야 한다면 원포인트 레슨을 통해 문제점을 교정받고, 충분히 첨삭을 받을 수 있는 곳을 택해야 한다.
- 분석적 관점이 오래 쌓여온 아이들은 어려운 입시 문제 유형을 만나도 자기 수준에서 스스로 분석해낸다. 정말 중요한 목표는 그런 아이가 되도록 키우는 것이다.

자유학기제를 어떻게 준비해야 할까

- 자유학기제의 탐색 활동은 자녀의 '관심' 키워드와 '비관심' 키워드를 섞어서 최대한 많은 경험을 시켜주는 것이 좋다.
- '결과물 남기기'도 중요한데, 이는 사진, 영상, 글을 가리지 않고 아이들이 마무리지었다는 '완결성'과 그 체험 기억을 오래 가져가게 하는 것이 목적이다.
- 자유학기제는 '독서량'을 충전할 수 있는 가장 좋은 시기이다. 효과적인 독서 전략은 물론 특목고 진학이나 교과목 성적에도 도움이 된다.

미래를 살아갈 자녀에게 필요한 능력들

- 미래에는 계속해서 배우는 학습 능력, 변화에 대한 적응력, 도구에 대한 실천적 활용 능력, 창조적 개성 등이 훨씬 중요해진다.
- 인터넷의 넘치는 지적 자원을 이용해, 자신만의 연구 문제를 정의하고 조사하는 '연구 역량'이 필요해질 것이며, 이는 인문적 능력과 수학적 사고를 포괄한다.
- '사회적 소통과 협업 능력' 역시 새롭게 주목받을 것이며, 논술형 인간의 개방적 자세와 건전한 토론 능력은 그 기본 소양이 될 것이다.

가짜 논술형 인간을 조심하자

- 가짜 논술형 인간은 언뜻 똑똑하거나 고학력자이며 언변이 뛰어나지만, 억지를 부려서 일방적으로 토론에서 이기기만 하는 사람이거나, 지식을

유기적으로 조직화하여 설명하지 못하는 사람들이다.

- 부모 입장에서는 실은 자기 모습이 가짜 논술형 인간이 아니었을지 반성해보고, 자녀가 임기응변보다 본질적 태도를 기르도록 도와주자.

현실에서 만난 논술형 엄마들

- 현실에서 만난 논술형 엄마들의 실제 모습은 무척 다양하지만, 비슷한 관점과 성향을 지닌 논술형 엄마들끼리 친하게 지내며 교류한다는 공통점이 있었다.
- 또한 중요한 공통점으로, 필자 본인도 한 명의 사람으로서 논술형 엄마들의 '경청'하는 태도를 잘 느낄 수 있었고, 존중과 신뢰를 주는 대화를 할 줄 아는 분들이라는 것을 알 수 있었다.

입시 논술에서 라이프 코칭으로 전향한 이유

- 좋은 '논술형 인간'의 자질을 지닌 아이들은 설령 운 나쁘게 입시 논술에 낙방하여 다른 방법으로 대학에 가더라도, 나중에 훨씬 주체적인 삶을 살게 된다는 것을 알게 되었다.
- 라이프 코칭이 중요하다고 깨닫게 된 것은, 청소년기에 아이들이 겪는 문제와 변화를 포함하여 삶 깊숙이 들어가서 도움을 줄 때 학업 성과도 더 크다는 것을 알게 되었기 때문이다.

논술형 엄마가 늘어나면 세상이 바뀐다

마지막으로 조금 거창한 얘기를 해봐야겠다. 어느 날은 한 어머님으로부터 이런 얘기를 들었다. "선생님 같은 분이 많아져야 세상이 좀 더 좋아질텐데요."라는 말씀이었다. 처음에는 무슨 말인지 알아듣지 못했다. 나중에 그것이 무척 과분한 칭찬이라는 것을 알게 되었다. 어머님은 교육의 방향뿐만 아니라 여러 사회 현상에 대해 문제의식을 갖고 계셨고, 청소년들이 비판 의식을 길러야 사회가 좋아지지 않겠냐는 말씀을 하셨다. 그리고 비판 의식과 공중의 토론 문화는 논술식 교육을 통해 길러지는 것 아니겠냐는 것이었다. 나는 이렇게 대답했다. "어머님 같은 분이 많아지셔야, 세상이 좀 더 좋게 바뀔텐데 말입니다."

논술 교육은 정말로 세상을 바꾸는 데에 영향을 줄 수 있을까?

인간 문명이 생긴 이래로 태평성대인 적이 얼마나 있었는지 모르겠으나, 현대사 속의 대한민국은 역시 여러 혼란 속에 있다. 계층 간의 갈등, 세대 갈등, 지역 갈등, 이렇게 갈등이라는 단어가 흔해졌다. 정치적으로는 좌파인지 우파인지에 관계없이, 사회가 소통의 문제에 처해 있다. 애초에 무엇이 정치적으로나 경제적으로나 좌파인지 우파인지에 대한 인식과 경계도 모호하다.

특히 혼란스러운 것은 교육이다. 대학 입시는 매년 변모하고 그때마다 사교육계가 출렁인다. 그나마 몇몇 지성인들과 좋은 선생님들이 중심을 잡고 있는 것 같지만, 공교육 교실의 모습을 보자면 제도 변화에 휩쓸리는 모습을 더 많이 보게 된다. 식상한 이야기 같지만, 교육은 백년지대계라고 하는데, 십 년도 가지 못하고 바뀌는 정책이 수두룩하다.

하지만 교육의 현실이 그만큼 어렵다고 해도, 또한 교육 만이 희망일 수밖에 없다. 교육은 미래에 대한 투자이며 미래를 바꾸는 가장 영향력 있는 수단이기 때문이다. 실제로 자원과 인구가 적음에도 불구하고 탄탄한 성장과 사회복지를 이뤄낸 북유럽 국가들의 성공 요인을, 바로 교육 정책에서 찾는 이들이 많다. 교육에 대한 전국민적인 관심과 투자는 경제적 성장만을 이끌어내는 것뿐 아니라 사회의 정신적 건강함까지 이끌어낸다는 것이다.

여기에서 필자는 논술형 교육이 사회에 긍정적 영향을 미칠 수 있다는 희망을 갖고 있다. 글쓰기와 토론의 효과는 단지 교과 지식을 향상시키는 것에 그치지 않는다. 바로 아이들로 하여금 비판적 사고를 기르게 하는 데에 가장 큰 힘이 있다. 논술형 교육은 사회 문제에 대해 건전한 방식으로 참여하는 민주 시민을 위한 교육이기도 하다.

한때 논술 교육이 좌파적 교육이라는 오명을 입고 있던 때가 있었다. 이것은 논술 시장의 강사층과도 연관이 있다. 사교육으로서의 논술이 성장하던 초기에는 학생 시절 소위 '운동권 출신'이었던 선생님들이 많았기 때문이다. 풍부한 인문학적 지식과 뛰어난 언변, 논리를 지닌 분들이었지만, 제도권 안에 직업을 갖지 않았던 분들 다수가 논술 시장에서 활약했다. 실제로 그런 분들은 강연에서 일부 진보적인 관점을 내비치는 것을 꺼리지 않았다.

하지만 시대가 바뀌었다. 이것은 사회가 좀 더 실용주의 중심으로 변화하는 과정일 수도 있다. 이념이나 사상보다는 다른 실제적인 조건들이 훨씬 중요해졌다. 논술계에도 내용과 사상보다는 방법과 논리가 중심이 되는 수업 방법이 이미 예전부터 주류가 되었다. 이는 예전의 통합교과형 논술의 등장과도 연결되어 있었다. 더 이상 풍부한 지식을 자랑하며 긴 글을 쓰는 논술이 아닌, 논리 문제를 풀고 대응하는 짧은 논술 유형이 등장했기 때문이다.

강사층이 변화한 영향도 있었다. 소위 운동권 출신이라 자칭하는 강사분들은 점차 찾아보기 어렵게 되었고(대학에서 이미 운동권이 비주류이자 소수가 되었기 때문이기도 하겠지만), 풍부한 지식과 아우라를 지닌 중년의 논술 강사보다는, 엘리트적인 면모를 갖춘 입시 중심의 젊은 강사들이 실력을 발휘하기 시작했다. 그러니 이제 논술 교육을 좌파적 교육이라고 바라보는 사람은 드물다. 이제는 정치적 이념 같은 것에 상관없이, 어떻게 아이들을 성장시키고 사회에 영향을 줄 수 있을지 모두가 고민해야 할 시점인 듯하다.

논술 교육의 힘은 인류의 지성사를 발전시켜온 '개념적 사고'를 가능하게 한다는 데 그 영향력이 있다. 역사가 흐르면서 우리 주변의 사회적 '개념'들도 발전한다. 한 가지 예를 들어보면 '인권'이라는 개념은 인간의 지성사에서 태초부터 존재했던 개념이 아니다. 인간 문명이 오랜 시간 발전하면서도, 인간이라면 누구나 동등한 기본적 권리를 누릴 수 있다는 개념은 쉽게 정착하지 못했다. 인권 개념의 단초는 먼 옛날 신약성경 시대에서부터 찾아볼 수 있지만, 인류사에서 그 논의가 불거진 것은 1789년 프랑스 혁명부터이다.

하지만 시민 혁명의 흐름 이후 곧바로 전 세계에 인권 개념이 정착한 것이 아니다. 1948년 세계인권선언에 이르기까지 수많은 사회적 토론과 운동의 역사가 있었다. 평등권과 그에서 비롯된 여성참정권, 노예제도를 비롯한 신분제도의 해소, 이동과 거주의 자유, 사상과 종교의 자유 이런 모든 것들은 하루 아침에 형성된 것이 아니다. 세계인권선언이 제정되고 난 후에도 인권 의식이 실제 사회제도나 문화에 반영되는 데는 시간이 걸렸다. 아직 청소년 인권이나 여성 인권이 제대로 정착하지 않은 나라도 많다. 어쩌면 인권에 대한 토론과 실천의 문제는 여전히 전 세계적으로는 현재 진행형이라 할 수 있다.

그런데 이렇게 '인권'과 같이 현대를 살아가는 우리들이 당연하게 생각하는 개념들 대부분은, 때로는 거칠었던 논쟁을 통해 사회에 수용되어 왔다. '평등'과 '차별 금지'라는 개념조차 무수한 토론과 토의를 통해 이루어진 것이다. 논술 교육의 힘은 바로 이러한 개념들이 당연하게 주어졌다고 암기하는 것이 아니라, 우리가 인식하고 있는 당연한 것들이 왜, 어떻게 형성되었는지를 통찰하고 비판할 수 있게 해주는 데 있다. 이것은 곧 새로운 사회 발전을 위해 고민하고 비판하는 힘이 된다. 당연하게 받아들일 수 있는 것들을 한 번 더 생각하고 분석하는 힘은, 곧 새롭게 다가올 미래에 필요한 변화를 위해 토론하는 힘이 된다는 것이다.

그렇기 때문에 논술형 엄마가 늘어나고, 논술형 인간들이 늘어난다면 사회가 더 긍정적인 쪽으로 변화하지 않을까? 문화가 정착하는 데에는 시간이 걸리겠지만, 토론과 건전한 비판이 가능한 문화 속에서라면 감정적 갈등도 완화되리라 생각한다. 언론의 내용을 비판적으로 받아들이고, 정책과 사람을 중심으로 투표하고, 정당한 일과 부당한 일에 대해 올바른 여론을 형성할 수 있다면, 사회는 긍정적으로 변화할 것이다. 약간의 비약을 포함하고 있는 말이지만, 이것이 논술형 엄마가 늘어나면 세상이 바뀐다고 얘기해볼 수 있는 이유이다.

이것은 추상적인 이야기가 아니라 논술 교육 현장에서 그 희망적 단서를 찾아볼 수 있다. 왜냐하면 논술 교육의 논제들은 상당 부분 자연스럽게 '시민사회 교육'의 내용을 포함하고 있기 때문이다. 이를테면 버핏세(특정 연소득을 초과하는 부유 계층에게 부과되는 세율, 부유세의 일종이다)에 대해서 토론하게 한다거나, 사회 소외 계층이 처한 복지 문제에 대해 토론하게 하는 등의 논제들은, 논리적인 훈련인 동시에 자연스럽게 시민사회 교육을 포함하고 있다. 여기서 시민사회 교육이란, 투표권을 발휘하며 민주 시민의 적절한 태도를 길러주기 위한 교육을 뜻한다.

그렇다면 민주 시민 교육에 적합한 논술과 토론 문화가 정착한 사회들은 정말로 다른 나라들과 다를까? 이를테면 덴마크의 사례를 살펴보자. UN 산하의 자문기구에서 발표하는 세계 행복 보고서를 보면, 덴마크는 행복지수 1, 2위를 오르내리는 나라이다. 덴마크의 학교들은 직접민주주의와 간접민주주의를 모두 체험할 수 있는 다양한 토론 및 투표를 교육하는 것으로 알려져 있다. 사회적으로도 회사나 지역 사회에서 자유로운 토론 문화가 형성되어 있다고 한다. 물론 한 가지 지표만으로 사회의 성숙도나 시민의 만족도를 추정할 수는 없지만, 행복지수가 세계 1위라면 그 사회가 상대적으로 불필요한 갈등이 적고 건강하다고 생각해볼 수 있을 것이다.

그것이 꼭 토론 문화 때문이라고 단정지을 수 없지만, 여러 정책과 사회제도에 시민들의 목소리가 반영될 수 있고 성숙한 시민 의식이 형성되어 있는 데는 교육이 분명 중요한 역할을 했을 것이다. 덴마크는 적은 인구에 비하여 지금까지 열 여섯 명의 노벨상 수상자를 배출한 나라이다. 덴마크와 지리적으로 인접해 있으면서 역시 세계 행복 보고서의 행복지수에서 항상 상위에 위치해 있는 노르웨이 또한, 열린 교육과 토론 문화로 유명하다.

부모는 아이들에게 국가와 사회가 충족시켜주지 못하는 부분을 채워줄 수 있는 가장 강력한 조력자다. 만약 자신의 세대가 그리 축복받지 못했다고 생각한다면, 다음 세대에게 좀 더 좋은 세상을 물려주는 방법 중 하나는 바로 자기주도적으로 생각하고 서로 대화하는 방법을 가르치는 것이리라 생각한다. 정보와 언론에 대한 비판적 시각과 정치에 대한 합리적 인식, 정책 판단과 투표를 이끌어내는 실천 교육 등은 사회를 긍정적인 방향으로 이끌 수 있을 것이다.

사회 구성원 중에 논술형 인간이 많아질수록 사회는 좀 더 행복해질 것이다. 이것은 필자의 과도한 낙관일지도 모르나, 논술형 인간이 늘어날수록 최소한 서로의 의견에 대한 비난은 줄어들고 존중은 늘어날 것이다. 또한 자기 의견을 자유롭게 표현하는 사람이 늘어날 것이다. 이는 침묵과 방관으로 곪아왔던 이 사회의 불편한 면들을 개선해 나갈 계기가 될 수 있다.

그러한 사회 변화의 희망을 논술 교육에서 찾아볼 수 있지 않을까? 어머님들이 더 많이 함께 도와주실 수 있으리라 믿는다. 그런 큰 꿈과 희망으로 이 책을 마친다.

바른 교육 시리즈 ❺

스스로 공부하는 주도적인 아이들의

논술형 엄마들

초판 1쇄 인쇄 2020년 1월 17일
초판 1쇄 발행 2020년 1월 22일

지은이 서평화
펴낸이 장선희

펴낸곳 서사원
출판등록 제2018-000296호
주소 서울시 마포구 월드컵북로400 문화콘텐츠센터 5층 22호
전화 02-898-8778
팩스 02-6008-1673
전자우편 seosawon@naver.com
블로그 blog.naver.com/seosawon
페이스북 @seosawon 인스타그램 @seosawon

홍보총괄 이영철 마케팅 이정태 디자인 김이지

ISBN 979-11-90179-16-4 13590

이 도서의 국립중앙도서관 출판예정도서목록(CIP)은 서지정보유통지원시스템 홈페이지
(http://seoji.nl.go.kr)와 국가자료종합목록시스템(http://www.nl.go.kr/kolisnet)에서
이용하실 수 있습니다.(CIP제어번호 : CIP2020000208)